O

iFORCE 原力 满足世界的好奇心

乔治的宇宙 3

大爆炸

GEORGE AND THE BIG BANG

LUCY & STEPHEN HAWKING [英] 露西·霍金 [英] 史蒂芬·霍金 著 [英] 加里·帕森斯 绘 杜欣欣 译

湖南科学技术出版社
长沙

GEORGE AND THE BIG BANG
A DOUBLEDAY BOOK 978 0 385 61191 6
TRADE PAPERBACK 978 0 385 6115532

Published in Great Britain by Doubleday,
an imprint of Random House Children's Books
A Random House Group Company

This edition published 2011

1 3 5 7 9 10 8 6 4 2

Typeset in 13.5/17pt Stempel Garamond by
Falcon Oast Graphic Art Ltd.

RANDOM HOUSE CHILDREN'S BOOKS
61–63 Uxbridge Road, London W5 5SA

www.**lucyandstephenhawking**.com
www.**kidsatrandomhouse**.co.uk

Addresses for companies within The Random House Group Limited can be found at:
www.randomhouse.co.uk/offices.htm

THE RANDOM HOUSE GROUP Limited Reg. No. 954009

A CIP catalogue record for this book is available from the British Library.

Printed and bound in Great Britain by Clays Ltd, St Ives plc

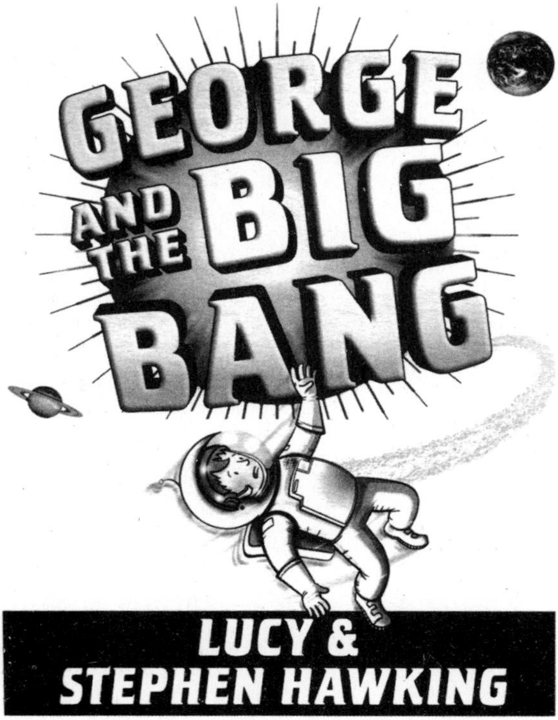

LUCY & STEPHEN HAWKING

ILLUSTRATED BY GARRY PARSONS

DOUBLEDAY

译者序

这是霍金父女《乔治的宇宙》系列科学童书的第三部。我花了 4 个月业余时间完成本书翻译。

故事再次从乔治的猪弗雷迪开始，不过这时的弗雷迪不仅已长成大猪，而且几乎是一头粉红色的小象了。乔治父亲只得将它送到动物农场。弗雷迪从小没有与猪类动物共同生活过，况且它又自认为是人类成员，它在动物农场过得不快乐，于是乔治和安妮想在超级电脑 Cosmos 的帮助下，为它在宇宙间寻找宜居之处。在寻找中，两个孩子无意间发现了一个反科学组织。这个组织不仅公开反对安妮的宇宙科学家父亲埃里克，而且还企图炸毁大型强子对撞机、炸死人类福祉科学社团的全体成员，从而阻止科学进程。大型强子对撞机进行的正是宇宙从大爆炸创生的实验。故事的场景远至仙女星座星系中一颗不知名的行星，近至位于瑞士日内瓦的欧洲原子核研究组织(简称 CERN)。虽然我还没去过仙女座星系，但 2010 年秋天，我确实在 CERN 居住过。

与前两本相比，这本书的情节更为惊险，也更吸引人。此外，作者通过老对手雷帕良心未泯，又通过新朋友文森特之口说出“任何人如果试图改变过去把自己变为正确，把他人变为错误，那么都是不可信任的”等细节来阐述普世价值。其中我最欣赏的一句话是“Cosmos 具有同情心，同情心使他具有创造力”。

就适合儿童阅读的科普或科幻著作而言，在历史上有过两位最优秀的作家，一是《昆虫记》的作者法布尔（1823—1915），另一位是二十多部科幻小说的作者儒尔·凡尔纳（1828—1905）。一个多世纪以来，译者的前后几代不少人都在阅读他们的作品中度过了美好的童年，并吸收了大量的精神营养。

霍金父女的这一系列科学童书是对这些优秀传统的发扬。但就作品主题的宏伟、眼界的开阔、思想的深邃而言，这个系列是他人更是前人无法比拟的。生命出现在这个世界上，正如文明降生在宇宙中，其面临的最奇妙问题显然是，我们从何而来，我们为何在此？这是儿童也是所有人最想得到答案的问题。霍金一生最大的使命和成就便是向这个答案推进一大步。他比任何其他作者都更有权威撰写这部著作。这本书应该更适合作为科普童书，而非科幻童书来阅读。因为全书涉及的内容绝大部分是科学事实，除了故事结构需要虫洞旅行的虚构之外。虫洞物理的经典版本是爱因斯坦、罗森、惠勒等提出的，而量子版本主要是霍金本人在 20 世纪末发展的。

2012 年 7 月 4 日，CERN 宣布希格斯子很可能已被发现，目前正在确认。有趣的是，在本书中以童话的方式写出了这个事件，真是一种巧合。

科学探索是向未来开放的，所以本书除了包括大量最新的宇宙科学知识外，还为下一代科学家提出了许多挑战性的问题。毫无疑

问，本书的读者中会有一些人将找到这些问题的答案，并会记住在他们童年的宝贵时光读过这个系列。

杜欣欣

2012 年 3 月 20 日

2012 年 7 月 6 日 补记

To my family

献给我的家人

目录

最新科学理论

在故事中插有多篇有关科学主题的奇文，让读者对最新的理论有真正深入的了解。他们是由下列卓越的科学家撰写的：

宇宙的创生 048

英国剑桥大学　史蒂芬·霍金 博士

宇宙的黑暗面 127~130

美国芝加哥大学　迈克尔·S. 特纳 博士

数学对理解宇宙多么惊人地有用 152~156

美国亚利桑那州立大学　保罗·戴维斯 博士

虫洞和时间旅行 187~189

美国加州理工学院　基普·S. 索恩 博士

专业知识索引

在书中涉及很多科学主题，但是这些内容被分散在不同的章节，有的读者可能会希望把这些页面特别标明出来：

第一章

宇宙中哪里是猪的最宜居之地？

安妮正在敲击着超级电脑 Cosmos 的键盘。“Cosmos 会知道的！”她声称，“他肯定能给弗雷迪找到比这个破旧简陋的农场更好的去处。”

目前住着猪猪弗雷迪的农场实际上很完美，至少，其他住在那里的动物看起来蛮快活的，只有乔治最珍贵的猪猪弗雷迪显得凄凉。

“我感觉真差！”乔治难过地说。此时世界上最棒的电脑 Cosmos 正在它所存的亿万文件中寻找着，努力回答安妮有关猪的问题。“弗雷迪气得甚至都不愿瞧我一眼了。”

“它看了我啊！”安妮望着屏幕，急躁地说，“我肯定看到了它眼神传递的信息，那就是：求助！把我从这里弄出去吧！”

弗雷迪所在的那个农场就在狐桥镇外面。狐桥镇是一座大学城，乔治和安妮都住在那里。他们造访农场的一日游并不成功。傍晚时分，安妮的妈妈苏珊来接他们，她感到很吃惊：乔治红着脸，很生气的样子；安妮都快要哭出来了。

“乔治！安妮！”苏珊说，“你们这是怎么啦？”

“是弗雷迪啦！”安妮大声叫喊着，一屁股坐到后座上，“它恨那个农场。”

以前弗雷迪是乔治的宠物。当乔治祖母把它当作圣诞礼物送给他时，它还是一个猪宝宝。乔治的父母都是生态活动家，这就意味着他们不太喜爱赠送礼物。他们讨厌损坏丢弃的圣诞节礼物堆成的塑料金属小山，它们漂浮于海中，呛住鲸鱼，令海鸥窒息，或在陆地上堆起丑陋的垃圾堆。

乔治的祖母知道，如果她送给乔治一件普通礼物，他的父母会直率地退回，那么每个人都会生气发火，所以想要保住给他的圣诞礼物，就需要一个很特别的，对地球有益而非有害的东西。

这就是为什么在那个寒冷的圣诞节前夜，乔治在门口台阶上发现了一个纸盒：里面就是那只粉红色的猪宝宝，还有一张祖母写的纸条：“你能给这只猪宝宝一个美好的家吗？”当时乔治高兴坏了。他总算有了父母容许他保留的圣诞礼物，而且更棒的是，他拥有了一头猪。

然而，问题是粉红猪宝宝会长大，长大，长得非常大。对一般住宅的后院而言，它实在太大了，而那个庭院只是以篱笆隔开两边邻居的窄条地段，而且还生长着矮小的菜苗。乔治父母心肠好，所以一直让乔治的那头猪住在后院。乔治管它叫作弗雷迪，现在它长得太大了，更像一头小象宝宝，而非一头猪。乔治并不在意弗雷迪

长得多么大，他特别喜欢自己的猪，经常在后院待很长时间，和猪猪说话，或者就坐在它巨大的阴影下读有关 Cosmos 的图书。

但是乔治的父亲特伦斯从未真正喜欢过弗雷迪。弗雷迪长得太大了，也太粉了，而且它很享受地在特伦斯精心打理的菜地里跳舞，踩坏菠菜和西兰花，不管不顾地大嚼露头的胡萝卜。去年夏天，在乔治的双胞胎妹妹降生前，全家都出门旅游，特伦斯飞快地在儿童宠物农场为弗雷迪找了一个去处，并向乔治保证，当他们返家时就把弗雷迪接回来。

但这个承诺一直没有兑现。乔治和父母旅游归来，乔治的邻居——科学家埃里克，他的妻子苏珊，他们的女儿安妮也从美国回来了。后来乔治的妈妈生了双胞胎妹妹朱诺和赫拉，她们哭啊，吵啊，咯咯笑呀，后来她们哭得更多，每次其中的一个不哭了，那不哭的半秒钟真是安静美妙，然后另一个又开始哭，哭到乔治脑袋要

爆炸了，仿佛火气要从耳朵里冒出来。他妈妈看起来总是又紧张又疲乏，乔治感到不好意思要求他们做任何事。因此当安妮从美国回来之后，他就越来越频繁地穿过后院篱笆的那个洞溜出去，他事实上是和隔壁的朋友以及她的那个有点古怪的家庭，还有世界上最棒的电脑，住在一起。

但是弗雷迪越来越惨，因为它从来没把农场当成家。

自从双胞胎妹妹降生，乔治的爸爸说，即使没有那头大猪把后院折腾得乱七八糟，手头的事也已经够多了。“不管怎么说，”当乔治顶撞他时，他颇为傲慢地对乔治说，“弗雷迪是行星地球上的动物。它并不属于你——它属于大自然。”

但是弗雷迪甚至不能待在它那个小小的友善的农场，因为那个农场一放暑假就关闭了，弗雷迪和其他动物都被转去一个更大的农场。那里培育饲养一些特种动物，并且有很多访客，特别是夏天，访客更多。乔治想，这有点类似安妮升到中学，去一个更大的但有点可怕的地方。

“大自然，哼！”乔治想起他父亲当初的那些话，就会不高兴地哼一声。Cosmos 电脑还在努力解答着那个复杂问题——宇宙中，哪里是无家可归的猪猪的宜居处？“我认为弗雷迪不知道它是行星地球的生物，它只是想和我们住在一起。”乔治说。

“它看起来真悲伤！”安妮说，“我确信它正在哭呢。”

今天一大早，他们去农场。乔治和安妮正好遇到弗雷迪趴在大猪圈里，蹄子向两边张开，目光呆滞，两腮深陷。其他的猪在周围嬉戏，看起来又健壮又快乐。那个猪圈又大又通风，农场很干净，工作人员也友好。即便如此，弗雷迪看起来像是身处猪的地狱里。

乔治感到无比内疚。暑假都过去了，他却没能为弗雷迪回家做成任何事。今天还是安妮建议去农场看看，缠着她妈妈开车带他们去的。

乔治和安妮问过农场工人，弗雷迪是不是病了。农场工人表示他们也感到担心。兽医来看过，说弗雷迪并没生病，她说，它只是看起来很不快乐，似乎正在憔悴下去。它毕竟是在乔治安静的后院长大的，后来被转到小动物农场，那里只有几个孩子来看他。而新地方的环境吵闹，还有很多不熟悉的动物，每天有好多访客，这恐怕影响很大。过去弗雷迪从未与猪同伴住在一起，它完全不习惯与其他动物相处。事实上，它认为自己是人而不是猪。猪栏旁总有访客眼睛直瞪瞪地看着它，在农场里它不知道怎么着才好。

“我们能把它接回家吗？”乔治问。

农场的人困惑地看着他。有很多关于迁移动物的法规，而且不管怎么说，他们认为弗雷迪大到已经不能居住在市区人家的后院

中。“不久它就会感到好些。”他们叫乔治放心，“你只要等等，再来看看，下次你来时，它会大不一样的。”

“但是它已经在这里好几个星期了。”乔治反驳道。

农场的人不想听乔治的话或者听了也不予理睬。

然而安妮另有主意。他们一回到家，她就开始做计划。“我们不能把弗雷迪带回你家。”她边打开 Cosmos 开关边说，“因为你爸爸会把它直接送回农场，它也不能住在我们家。”

不幸的是，乔治知道那都是实话。他看了看埃里克的书房：Cosmos 放在书桌上，一堆又一堆的科学论文，周围是颤颤巍巍的书塔，剩了半杯茶的杯子，潦草地写着重要公式的碎纸。安妮她爸以前是用超级电脑做宇宙起源的研究，现在看来为猪猪找家园与那个问题的难度相似。

当安妮和她的家人第一次搬进这栋房子时，乔治的猪曾经很戏剧化地闯入，它在埃里克的书房里横冲直撞，书本飞向空中。埃里克倒蛮高兴的，因为弗雷迪闹出的大乱子帮他找到了久寻不见的资料。但就在那段时间，乔治和安妮都知道埃里克不欢迎一头多余的猪，他有太多的事情要做，根本无力照料一头猪。

“我们需要为弗雷迪找到一个好住处。”安妮坚定地说。

“乒！”Cosmos 的屏幕再次活了过来，开始闪着不同颜色的光——那是超级电脑开心的信号，“我已为你准备了一份总结报告，分析研究我们现居的宇宙区域内的各种条件，以及它们对猪类生物的适宜性，”它说，“请点击每一个方框，看看我们太阳系中每个行星对贵猪之生存的技术评估，我还斗胆提供了”——电脑自顾自地笑着——“各行星的图示并附上我的评语。”

“呜，好棒！”安妮说，“Cosmos，你最棒了！”

Cosmos 的屏幕上有 8 个小方框，每个都标有太阳系中行星的名字。她打开水星的那个……

水星

烤焦的猪

金星

发臭的猪

地球

快乐的猪

火星

活跃的猪

木星

下沉的猪

土星

环行的猪

天王星

颠倒的猪

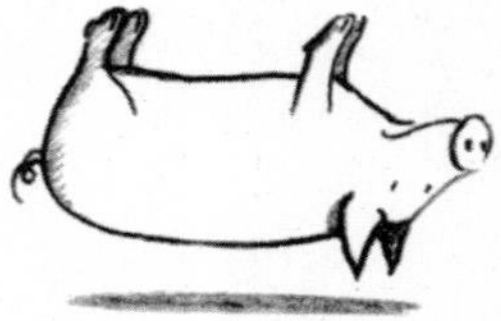

海王星

多风的猪

我们的太阳系

我们把绕着我们恒星太阳公转的行星家族称为太阳系。

我们的太阳系大约是 46 亿年前形成的。

我们的太阳系是如何创生的？

第一步：

一团气体和尘埃开始坍缩——可能起因于邻近的一个超新星的冲击波的激发。

第二步：

形成一团尘埃球，它自转并吸引更多的尘埃，在逐渐长得更大并自转得更快的同时，变成一个圆盘。

具有我们太阳质量的恒星大约花费 1000 万年形成。

第三步：

这个坍缩云团的中心区域变得越来越热，直至开始燃烧，把它变成一颗恒星。

第四步：

在恒星燃烧时，围绕它的圆盘中的尘埃缓慢地粘在一起成团，它们变成岩石，并最终形成行星，所有这一切仍然围绕着在中心的恒星——我们的太阳——公转。这些行星最终形成主要的两组：近日的石质行星；离太阳较远，比火星还远的，是气体行星，它们一般都有一个固体的核，核外区域是液体，液体区域外面是厚厚的大气层。

第五步：

行星吞噬它遇到的所有物质为自己清理轨道。

因为木星是最大的，所以它的自我清扫可能做得最多。

第六步：

几亿年之后，行星进入稳定轨道——即它们现遵循的同一轨道。余下的一些东西要么终结成火星和木星之间的小行星带，要么终结成在冥王星外更遥远的柯伊伯带。

我们的太阳系

类似于我们太阳系的其他太阳系存在吗？

几百年来，尽管天文学家怀疑，宇宙中的其他恒星可能拥有围绕它们公转的行星。然而，直至 1992 年，一颗围绕着大质量恒星的遗骸公转的太阳系外行星才被确认。1995 年，围绕着一颗真正明亮发光的恒星的第一颗行星被发现。从那时起，400 多颗太阳系外行星被一一发现——有些围绕着和我们太阳非常类似的恒星。

太阳系外行星是围绕着非太阳的其他恒星公转的行星。

这仅仅是开端。即使在我们的星系中只有 10% 的恒星拥有围绕着它们公转的行星，这依然意味着，就在银河系之中存在着多于 2000 亿个太阳系。

其中的某些可能和我们的太阳系类似。其他的可能显得非常不同。例如，在一个双星太阳系中会在天空看到 2 个太阳升落。知道这些恒星离开它们行星的距离以及这些恒星的大小和年龄，有助于我们在那些行星上寻找生命。

在其他太阳系，我们所知的太阳系外行星中的绝大多数是巨大的——像木星那么大甚至更大，因为这些行星比小行星更容易检测。但是，天文学家开始发现，较小的石质行星在离它们的恒星适当距离公转时，也许更像地球行星。

2011 年年初，美国航空和航天管理局（NASA）确定，它们的开普勒使命号探测船认出围绕着 500 光年外的一颗恒星的一颗类似地球的行星！这颗新行星名叫开普勒 10-b，其大小只有我们居住行星的 1.4 倍，也许是迄今我们找到的最类似地球的行星。

第二章

他们看了一遍 Cosmos 为猪设计的太阳系之旅。“但是我认为弗雷迪不能够居住在屏幕列出的任何一个行星上，”乔治反驳道，“在水星上，它会被煮开，在海王星上，它会被吹跑，在土星上它会陷落在毒气层里。它恐怕还是希望回到那个农场。”

“除了地球……”安妮小声嘀咕着，“那是我们太阳系里唯一适合生命的行星。”她皱起眉，竭力地思索着。“正像人类，”她突然说，“你知道我爸正在为人类寻找新家园吧，万一我们这个星球不适合居住的话？”

“你的意思是，如果我们被一颗巨大的彗星击中，或者全球暖化取代了现在的气候？”乔治说，“我们不能再居住在地球上，如果火山爆发或者它变成一片巨大的干旱的沙漠。”乔治知道，如果人类不能像他的生态活动家父母那样开始更好地照管地球的话，所有可怕的事情都可能会发生。

“正是如此！我爸说人类需要找寻新家园，”安妮说，“正像弗雷迪那样，猪需要的条件与人类似，所以如果我们在宇宙中能找到一处适合人类生活的地方，那么弗雷迪也就没问题了。”

“因此 Cosmos 所做的一切都是为人类找一个新家，我们已经

我们地球面临的问题

小行星攻击！

小行星典型尺度范围是小到几米大到上千千米。

小行星是大约46亿年前太阳系形成留下的岩石碎片。科学家估算在我们太阳系中可能存在数百万颗小行星。

小行星间或偏离其轨道——例如被附近行星的引力推离其轨道——从而可能引发与地球的碰撞。

流星是一块飞越我们太阳系的石块；陨石是人们对它落到地球的那一块岩石的称呼。可能在6500万年前，一颗小行星撞到地球，这可能引起恐龙灭绝——这次冲击扬起细尘云，它阻隔阳光，导致恐龙和其他许多物种灭绝。

每隔几千年，一块约操场尺度的岩石击中地球，而每隔几百万年，地球遭受到一个太空物体——小行星或彗星——的冲击，大到足以威胁整个文明。

如果一颗小行星或彗星——一个围绕太阳射出的冰岩球——撞击到地球表面，它可能引起大量火山爆发。没有任何生物可在这样的冲击下存活。

伽马射线暴……游戏结束

我们还面临着太空来的伽马射线的灭绝的奇异威胁。

当极大质量的恒星达到它们寿命的终结并爆炸，它们不仅在一种膨胀的云中将热尘埃和气体喷发到宇宙中去，而且还像灯塔一样，射出一对致命的伽马射线束。如果地球正好位于这样一束射线行进的途中，而该伽马射线暴距离我们很近，就会把我们的大气层撕裂，使褐色的氮云充满天空。

这类爆炸很罕见。它要在几千光年内发生才造成实质性的损害，而且线束还需精准地击中我们。所以，仔细研究此问题后的天文学家并不感到那么忧虑！

我们地球面临的问题

自我毁灭！

我们无须借助于小行星或伽马射线就已对我们的行星做过大量破坏。

地球是超过 70 亿人的家园。

地球正苦于人口过量。

所有那些多出的人意味着我们必须有更多的食物，对地球上的资源施加更大压力，还把更多气体送到地球的大气中去。人们对气候变化已有许多争论。但科学家很清楚，这颗行星正在暖化，而人类行为为其肇因。他们预料这种变化还在继续，世界将变得更热，一些区域要遭受暴雨，而另外一些地区却饱受干旱之苦。海平面则要上升，会使得在海岸线的人难以维生。

在全球范围，几乎所有哺乳动物种类的四分之一和两栖动物的三分之一都面临灭绝。

地球上的人越来越多，而其他物种越来越少。其他动物的灭绝越来越成为问题，我们眼看着成族的物种从地球表面消失。看来真可惜，正当我们得悉我们唯一的美丽的行星如何运行之际，却正把它毁灭。

为我的猪找到一个地方了吗？”

“确实如此！”安妮高兴地说，“我们可以时不时地去太空看望它，它就不会再感到孤独和不快乐了。”他们俩沉默了，意识到他们的总体规划还不够完美。

“要多久我们才能为弗雷迪在太空中找个住处？”乔治最后问道，“你爸一直在为人类找寻可移民之处，他还不确信是否找到适合的地方呢。”

“唔，是呀。”安妮承认，“就当下而言，我们可能——只是可能——要考虑为弗雷迪找个离家近的地方。”

“行星地球上某处应该不错。”乔治赞同道，“但是我们怎么把它弄到新家去呢——无论是在太空还是在地球？我们怎么能带着这么大一头猪去旅行呢？”

“这正是我的辉煌计划中的天才之处！”安妮重新振作起来，她喊道。“我们将用 Cosmos。如果 Cosmos 能送我们穿越宇宙去远程旅行，那它也能让猪穿越地球，那不过是短短的一跳。Cosmos，我说的没错吧？”她问道。

“安妮，你是对的！”Cosmos 肯定道，“我是如此聪明智慧，能做任何你提出的事情。”

“但它可以这么做吗？”乔治问，“我的意思是，如果你爸发现我们用超级电脑运送一头猪，他会不会生气？”

“除非你命令我这么做，”Cosmos 诡秘地说，“我没有任何理由通知埃里克我们会与猪类生物一起去探险。”

“听到了吧？”安妮说，“如果我们请 Cosmos 把弗雷迪带到一个安全的地方，它会那么做的。”

“嗯。”乔治说，听起来他还是有些疑虑。在以往的旅行中，他让 Cosmos 挑选目的地，但他不确信超级电脑总会选出正确的地点。乔治也不愿意把猪推过宇宙门户——就是 Cosmos 开启的令人惊异的进入太空的门道——而他却发现那道门是通往香肠工厂，或者是在帝国大厦的顶楼上，或者是炎热得弗雷迪受不了的很远的热带小岛——且不说太过孤独。

“Cosmos，”他有礼貌地说，“在你把弗雷迪真正送去之前，能让我们先看看那个地方吗？哦，直到我们为它找到永久居住地，那临时居处必须近到我们可以骑车去，因为我不认为我们应该一直使用你——我们可能会被逮着。”

“我正在处理你的请求。”Cosmos 回答。当安妮一家从美国回来后，Cosmos 坏得一塌糊涂，埃里克设法修复了它，结果它的工作态度更好了，更易操作了。现在它的电路咕咕响了几秒钟，一个形象出现了，那个形象飘浮在埃里克的书房中心的空中，靠两条细光柱与 Cosmos 相连。

“那是一张地图！”乔治说，“它看起来像……等等！它是狐桥！”

“正是，”Cosmos 说，“它是一张三维图，任何谷歌能做的事，我都会做得更好。”它哼哼着说，“那个无耻的暴发户。”

“噢，我的天，它真美丽！”安妮叹了一声。大学城狐桥的古老与突出之处都被画在 Cosmos 可爱而细致的地图上了——每一座塔楼，每一处城墙，每一处尖顶，每一个方院都变成完美的迷你模型。

在一个院子的角落，一盏红灯闪耀着。

“那是我爸的学院！”安妮惊奇地喊着，“就是那盏灯闪烁的地方。你为啥要给我们看我爸的学院啊？”

“我的文件告诉我，猪需要安静、阴暗、空气流通，并有一点阳光的地方，”Cosmos 说，“那标出的地方是老塔楼底下空闲的老酒窖。它有通风系统，空气干净，还有一点自然光。它已经好多年没用了，因此你的猪可以在那里安全舒服地待几天，如果你不放心，你可以从农场带些稻草过来。”

“你确信没问题？”乔治说，“它不会觉得被关禁闭吧？”

“短期没问题，你的猪将会享受完美的平和与安静，”Cosmos 回答，“在你决定它的永久居住地之前，这只是一个短期休息地。”

“我们必须把它弄出农场！”安妮大声说，“必须要快！它正过着可怕的日子，我们必须必须必须赶快去救它。”

“我们能看看那个酒窖吗？”乔治问。

“当然，”Cosmos 回答，“我将打开酒窖的一个小窗户，你可以证实一下我提供的信息。”

地图在薄薄的空气中融化，取而代之的是一束长方形的光，好像 Cosmos 在创生他的宇宙门户。安妮和乔治曾经多次通过它进入太空。在那种情况下，Cosmos 会做一扇门，但如果它只展示某些东西，它只要画一个小窗户，让他们透过窗户向里看。

“这真令人激动！”安妮激动地喊道，“为什么以前我们从未想过用 Cosmos 在地球上各处走走？”

长方形的光渐渐暗了，乔治和安妮靠近了向里瞧。

“Cosmos，我们什么都看不见。”乔治说，“我想你说过那里会有些日光，我不想让弗雷迪认为它住在监狱里！”

Cosmos 有些困惑了：“我已经查了坐标，这就是正确的地方啊！也许窗户被遮住了？”

“天呀！”安妮小声说，“这么黑——它正在移动！”透过窗户，黑暗好像在两边滚动。

“听！”她嘘了一声，“我听到说话声。”

“不可能，”Cosmos 回答，“我的资料告诉我，那个酒窖早已不用了。”

“那么，那些人在那里面干什么呢？”她以沉重的声调说，“看啊！”

透过窗口看去，乔治意识到她是对的。他们看到的并非是一间不透光的黑屋子，而是一群身着黑衣的人紧紧地挤成一堆。乔治依稀分辨出肩膀和脊背——那群人都似乎面向别处。

“他们能看到我们吗？”安妮小声问。

“如果他们转过来，将会看到宇宙门道的窗口。”Cosmos 回答，它正在简要地扫视那个房间。“虽然这全不合逻辑、概率和推理，但那个酒窖确实挤满了人。”

“是活的呢？”安妮恐惧地问，“还是死的？”

“是呼吸并具备功能的那种。”Cosmos 说。

“他们在做什么？”

“他们在——”

“转过身，”乔治惊恐地插话，“Cosmos，关上门道！”

Cosmos 啪地一下关掉窗口，它关得非常快，酒窖里不会有人注意到微弱的光束。即便注意到

了，也不会猜到有人在看他们的秘密会议，而目击者来自狐桥边缘某处民居里的两个好奇的孩子和一台焦虑的超级电脑。

然而，酒窖里的一个声音飘到安妮和乔治坐着的房间里，他们俩甚为震惊，一动不动地坐着，“假真空万岁！”那声音喊道，“生命、能源和光的携带者。”在任何人看到它——和他们——之前，Cosmos 已急忙关上宇宙门道。他关掉了可视屏幕，却没有关闭音频，因此他们能听到却看不到酒窖里发生的事情。

接着是死一般的寂静。安妮和乔治几乎不敢呼吸。然后，他们仿佛听着特别可怕的收音机节目，声音继续着。

“这些都是危险的时刻。”他低声说，“在宇宙自身被宇宙毁灭的气泡撕成碎片之前，我们也许能活过末日。在强子对撞机工作的那些罪犯科学家不久就要开始新的高能实验。上次我们不能阻止他们使用对撞机。但是现在，情况变得更严峻了。这些疯子开启他们的机器的时刻，那个灭绝整个宇宙的灾祸就要爆发。他们计划把强子对撞机再提到更高的强度，那将把我们所有的一切化为乌有。”

安妮和乔治听到紧紧聚在一起的人说话时发出嘶嘶或嘣嘣的声音。

“请肃静！”一个声音说道，“我们杰出的科学专家将做出解释。”

一个新的声音开始说话了。那声音有点苍老，语调缓和。“那些危险的疯子是由狐桥一位叫埃里克·贝利斯的科学家领导的。”

安妮尖叫一声，赶快捂住自己的嘴。埃里克·贝利斯就是她爸爸啊！

“贝利斯正在策划使用强子对撞机——大型强子对撞机（LHC）中 ATLAS 探测器做高能对撞实验。现在即将进入最危险的阶段。如果贝利斯达到他想要的对撞能量，我计算出会有相当的概率，因创生一块真真空而引起宇宙自发衰变。

“如果对撞机在原子对撞时产生最微小泡泡，泡泡就会扩张——以光速扩张——替代假真空并且彻底毁灭所有的物质！地球上所有的原子将在少于二十分之一秒的时间内解体。在 8 小时内，太阳系就消失了。当然，那还没完……”

酒窖里的声音越来越小，这时 Cosmos 努力地保持音频连接。

“泡泡将继续扩展直到永远，”声音以威胁的低语继续着，“贝利斯将取得无法想象的结果——摧毁整个宇宙！”宇宙一词最后的“S”字母嘶嘶嘶地回响在空气中，那个声音再度沉寂下来。

这一刻，乔治、Cosmos 和安妮都惊呆了。Cosmos 首先跳了出来。

“那环境对猪迁居有危险！”横贯屏幕的巨大红字闪了好几次。

“我们不能把弗雷迪送到那里去！”安妮说，她看起来有些困惑。“不能让我们的猪和那些怪怪的人住在一起！特别是他们对我爸很粗鲁！”

乔治狂吸了一口气。那些穿着黑衣的人在谈些什么？“Cosmos，安妮，”乔治焦急地问，“他们是什么人？”

第三章

“他们是什么人？”埃里克推开书房的门，随声问道。他一手端着一杯冒热气的茶，另一只穿花呢外套的胳膊下夹着一叠科学论文。“哈罗，安妮，乔治！”他说，“享受开学前的最后一天吗？”

两个朋友茫然地看着他。

“哦，亲爱的！我该解读为‘不是’吗？是不是啊？”埃里克说，“发生了什么事？”他对他们俩笑着。这些日子埃里克总在笑。如果乔治必须形容此刻的安妮父亲的话，他将用“无比快乐”一词，或者“无比忙碌”。事实上，埃里克是越忙越快乐。他在美国时一直

进行太空研究，努力从火星上寻找生命痕迹。他从美国回来之后，看起来总是忙忙叨叨，并自得其乐。他家庭和睦，也喜欢狐桥大学的数学系教授的新职位，对于瑞士强子对撞机上他所做的实验，更是极其激动。

LHC 是多年前就开始的，有几百位科学家参与的研究项目。其目标是发现世界由何种物质组成，微小的基本物质如何组成宇宙。为了做这些研究，埃里克和其他科学家正在努力寻找一个理论，该理论将能使他们理解有关宇宙的一切。他们给那个理论起了一个简单的名字："万物理论"。那是科学研究的最伟大目标。如果他们能找到它，科学家不仅能理解宇宙的起源，也将可能理解我们身处的宇宙为何及如何出现的。

看到令人鼓舞的前景，以及 LHC 新的实验结果，埃里克的好心情也就不奇怪了。在一般情况下，孩子们不能使用 Cosmos，但在这么好的心情下，他甚至不反对他们使用它。

"我看到你们在用我的计算机！"他扬起眉毛，但看起来并不生气。"我希望你们没把草莓酱又弄到键盘里。"他温和地说，探身看着 Cosmos。

"宇宙中哪里是猪的最宜居之地？"埃里克读着屏幕。"哎！"他满脸的疑虑消除了，"现在我明白了。"他揉着安妮的头发，"你妈说你们俩都在担心弗雷迪。"

"我们想为它另找个去处。"安妮说。

"那么你们找到什么了？"她爸爸问，他拉出那把快散架的转椅，这样可以坐在安妮与乔治之间，而他们还在盯着 Cosmos 的屏幕。

"嗯……Cosmos 在太阳系中找了一圈，但没找到。"乔治说。

万物理论

纵观历史，人们四处探索试图理解他们看到的惊人的事物，并询问：这些为何物？它们为何如此这般运动和变化？它们总在那儿吗？关于为何我们在此，它们能告诉我们什么？我们只在最近的几百年才开始找到科学答案。

经典理论

1687 年，艾萨克 · 牛顿发表了他的“运动定律”，描述力如何改变物体运动的方式，以及万有引力定律，该定律说，宇宙中的每两个物体都以一个力即引力相互吸引，这就是为何我们被粘到地球表面，为何地球围绕太阳公转，并且如何产生行星和恒星。在行星、恒星和星系的尺度，引力是控制宇宙伟大结构的建筑师。在把卫星送进轨道和把飞行器发射到其他行星方面，牛顿定律还够用。但是，当物体非常快，或者其质量非常大时，必须用更现代的经典理论，即爱因斯坦的广义相对论。

牛顿定律

运动定律

1. 任何粒子，如果不对它施加外力的话，都会保持静止，或者沿着一条直线做匀速运动。

2. 一个粒子动量的改变率等于外力的大小，并和该力同方向。

3. 如果一个粒子把力作用到第二个粒子上，那么第二个粒子把同样大小但方向相反的力作用到第一个粒子上。

万有引力定律

宇宙中的每个粒子都吸引其他每一个粒子，其吸引力的方向沿着粒子的连线，力的大小和它们质量的乘积成正比，和它们之间距离的平方成反比。

万物理论

量子理论

对于大的东西，像星系、轿车甚至细菌，经典理论没问题。但它解释不了原子的行为——事实上，它会认为原子不存在！在 20 世纪初，物理学家意识到，为了解释诸如原子或电子等非常小的东西的性质，必须发展一种崭新的理论：量子论。被称为标准模型的说法概括了我们关于基本粒子和力的当代的知识。它拥有夸克和轻子（物质的组成粒子），力粒子（胶子，光子，W 和 Z），以及希格斯子（为了解释其他粒子的部分质量，它是必需的，但还未被观测到*）。很多科学家认为这太复杂了，喜欢一个更简单的模型。还有，天文学家发现的暗物质在哪里？引力又是怎么回事呢？引力粒子称为引力子，它改变时空的形状。但是把它加入标准模型很困难。

挑战——万物理论……

解释所有力和所有粒子的理论——万物理论——也许显得和我们以前看到的任何东西都很不一样，因为它既需要解释时空，也需要解释引力。然而，如果它存在的话，它应该解释整个宇宙的物理运行，包括黑洞的中心、大爆炸和宇宙的遥远的将来。

把它找到将是辉煌的成就。

* 2013 年，CERN 宣布发现了希格斯子。

“我预料你们就没有，”埃里克嘟囔着，“不能想象弗雷迪住到冥王星上去嘛。”

“所以我们想把它带到适合人类生活的行星上，但我们还没找到呢。”乔治继续说。

“然后我们找狐桥——找到一处离家近的地方，弗雷迪可以在那里住上几天，”安妮忍不住说道，“但是我们发现那个地下室里有一群可怕的人，他们说你在 LHC 的实验将毁灭宇宙！”

埃里克突然盛怒。“Cosmos！”他厉声说，“你在干什么？”

“我只是努力帮助他们。”Cosmos 怯懦地回答。

“在星系间寻找！”现在埃里克看起来没那么高兴了，“你想什么呢？让孩子偷听那些傻瓜的谈话？”

“他们说你要毁掉假真空……”乔治慢慢地说，“还说这将使宇宙解体，是真的吗？”

“不是！当然不是！那是疯子的理论。”埃里克生气地说，“别理他们！他们只是想吓唬人，因为他们不喜欢我们在瑞士做的伟大实验。”

“但他们在你的学院里！”安妮尖声说道。

“学院，学校，”埃里克轻蔑地说，“他们可能在任何地方——但那也不能使他们具有任何可信度。”

“你确实知道他们是谁？”

“并不完全知道。”埃里克承认道，“他们掩饰自己的身份，因为那是一个秘密组织——我们只知道他们自称为‘万物理论抵制添加引力’。”

“万物理论抵制添加引力……”安妮重复着，“那就是 T-O-E-R-A-G。就是 TOERAG！那真是他们的名字？”

埃里克笑了：“名副其实。他们绝对是一群 TOERAG！”

“他们要干什么啊？”

“去年，”埃里克说，“TOERAG，我现在就这么称他们，要我们放弃对撞机。他们说过，如果我们开始实验将造出黑洞。我们不理他们，并且开机实验。我们现在不是好好地在这里吗？由此你可知道世界并没有被黑洞吞噬。从那以后，我们以为他们放弃了。但现在他们抓住那个‘真空’的胡言想阻止我们的下一个实验，那个实验我们将使用比过去更大的能量。”

“但是为什么？”乔治说，“为什么他们继续想着那个发疯的理论？”

“因为他们不想让我们成功，”埃里克解释说，“我们的目标是最深层次地理解宇宙。因此我们不仅需要知道宇宙如何行为，也要知道为什么。为什么有某些东西而不是什么都没有？为什么我们会存在？为什么是这一组定律而非其他的？这是生命、宇宙和一切事物的终极问题。有些人就是干脆不让我们找到答案。”

“所以那些所谓的毁灭泡泡的说法真的是胡说八道？”乔治再次证实着，他只是为了确认。

“完全是宇宙废话！”埃里克大声说。“但是，”他皱了皱眉头，“尽管如此，现在越来越多的人似乎相信 TOERAG 的话。因此我们改变了新实验的计划，以防 TOERAG 做出什么让我们惊讶的恶事。”

“那么实验何时开始？”乔治问。

“我们已经开始了。”埃里克说。“加速器已经启动了，检测器也连线了，几周前，我们甚至获得设计的亮度。”科学家难过地摇摇头，“我们尽力保持安静，以阻止 TOERAG 干扰实验。那些失败者……现在，回到正题上来——我们将把弗雷迪放在哪里？ Cosmos？”

似乎为了努力弥补先前的过错，Cosmos 很快就在屏幕上展示出一幅新的风景。那是一个美丽的地方，阳光照耀在宁静的山谷，树木微微摆动，野花点缀其间，彩蝶在灌木丛中舞蹈。

“这里将是猪的好居处。” Cosmos 颤抖地说。

“怎么样啊？”埃里克轻快地对乔治和安妮说，“它看起来不错，你们会高兴弗雷迪住在那里吗？”

“那里看起来挺可爱……”乔治试图插话，那是哪里啊？

他想问问，但埃里克显然很匆忙，他已经转做下一件事了。

“很好！”科学家说，他在键盘上敲了几个指令，“孩子们，现在有点复杂了，我想我能制作宇宙双门户。”

在两个朋友还没说什么之前，Cosmos 已经打开了通往弗雷迪所在的农场之路，埃里克希望通过它进入猪圈。那头巨型猪看到不知从何而来的埃里克时太吃惊了，以至于当它被轻柔地推至由 Cosmos 创建的另一个门道时竟未做任何抵抗。它快活地小跑着进入那片林木之谷，而那山谷依然展现在屏幕上。

乔治和安妮急切地看着弗雷迪穿过农场的门道，消失，再出现在谷地里，它蹦蹦跳跳地在茂盛的野草丛中跑着。在乡野的新鲜空气里，它快活地吸着鼻子，眼睛再次放光。

埃里克从宇宙门户退回来，很敏捷地关闭了门户。“我们不久就可以照看弗雷迪了。”他说，乔治注意到埃里克的灯芯绒裤子上沾了一点稻草灰尘，“我最好再做一点事，让那个农场别为一头猪出逃而惊慌。”

“那你怎么跟他们说啊？”安妮问。

“我不知道！”埃里克坦承，“但我既然能设法解释宇宙如何无中生有，那么我想我就能解释一头猪怎么会从有到无。”

“猪移居行动已经完成。现在猪在新居很快乐，食物、水和居所都有了。对猪的威胁度等于零。”Cosmos 在它的屏幕上展示。

“现在，”埃里克以孩子都熟悉的结束语调说道，“现在我该做点事情了。——我需要准备在大学里的演讲。你们俩也该准备去学校了。”

两个小朋友都无精打采，毫不情愿地离开了埃里克的书房。这

意味着暑假已经结束了。安妮用了一个晚上就做好了拖了一假期的所有功课。乔治意识到他该回到他真正的家了。他希望开学前夜那对婴儿不要再不停地啼哭。

安妮叹息道："再见，乔治。"

"再见，安妮。"乔治伤心地说。第二天早晨他们俩将进入不同的新学校：安妮去私人学校，而乔治去本学区的中学。

"为什么我们必须去中学。"安妮突然说，当他们踟蹰在后门时，他们俩谁都不想再往前迈一步。"为什么我们不能上太空探险学校？我们完全是年级里最棒的！除了我们，还没人那么近距离地看到过土星环，或者几乎落入土卫六的沼气池。"

"或者是看到天空中的双太阳。"乔治说，他想到了那次因为错误而访问了那个双太阳系的炎热行星。

"这不公平！"安妮说，"让我们装作一般孩子，可我们不是！"

"安妮！"埃里克的声音回响在他的书房。"我可以听到你在说什么！不做功课绝对不能去太空旅行！这是规定，你们都知道的。"

安妮做了个鬼脸，"勇气与你同在。"她小声对乔治说。

"也与你同在。"乔治说，然后转身回家。

第四章

乔治在新学校度过了第一天，印象中只有显得漫长而生疏的走廊，令人困惑不解的课表。他一次又一次发现自己走错了教室，因为里面坐的学生显然不是他那个年龄组的。

这是一座巨大的、吵闹混乱、有点可怕的学校。乔治琢磨着是否这就是弗雷迪从乔治家宁静安全的后院迁出时的感觉，它先到了一个小的有点乱的宠物农场，然后又到了一个巨大可怕的新地方。难怪它看起来并不快乐。上初中的第一天，即使那些和乔治念过同所小学，极有自信的小孩都显得迷失。他们担忧地在迷宫般的建筑之间漫游，试图找到自己的教室。在这里看到一张熟悉的面孔，而非所有那些可怕的大孩子——即便在小学时你们不是朋友——也让人大大地松一口气，即使是小学时的不共戴天的敌人突然间也变成了最好的同伴。

放学时，乔治才弄明白他应该去哪些教室。他走出大门，很久以前，在他上小学的时候，为了在回家的路上不被人突袭，他每个下午都躲进衣帽间直到所有的人离校。

但那是他学会穿越宇宙的旅行并解开宇宙谜团之前的事了。自从他与安妮成为朋友，并且知悉在我们行星周围的奇观，乔治已不

再恐惧了。毕竟他在遥远的太阳系里挫败过一个疯狂的科学家；从那之后，就没什么可怕的了。

不仅是那些历程改变了乔治的生活，通过那些旅行所学到的知识也使他无畏。他曾用大脑应对了极大的挑战，他现在知道如何对付其他的一切。

回家的路上，乔治回想着埃里克以及昨晚与弗雷迪的冒险。也许，他想，他可以到埃里克那里去一下，看能否查看一下他的猪的下落。乔治觉得自己挺蠢的，居然没问弗雷迪在哪里。那个山谷看起来很可爱，但乔治甚至不知道他的猪现在是否还在行星地球上，或者聪明的 Cosmos 把它运送到某个遥远的神奇的地方，那里就像我们知道的那样，是能够支持生命的。乔治感觉埃里克知道弗雷迪

在哪里，但如果他自己也知道，他会更加快乐。

到家后，他把书包丢在客厅里，然后飞快地跑进屋内，他只停下来向妈妈和双胞胎妹妹打了声招呼，就拿起一块豌豆洋白菜蛋糕一口塞进嘴里。（乔治妈妈只烹制自己后院产的蔬菜，有时她烹调自产蔬果的方法有些奇怪……）他直接跑出后门，来到弗雷迪曾经住过的后院，跃过篱笆的破洞来到安妮家的后院。他跑过走道来到后门，猛敲了几下，但无人回应。他又敲了几下。

门开了一条窄缝。那是安妮，她从学校回来，穿着绿色的新校服。

“哦，乔治！”她说，但似乎并不乐意见他。

“嗨，安妮，”乔治快活地说，“你的学校怎么样？我的怪怪的，但我想还行吧。”

“嗯，我的也还行。”她回答，略显平静，“你，干吗来了？”

乔治感觉很奇怪，他来来往往这么多年，她从未问过他为什么而来。

“哦，是呀！”他说，有点吃惊，“我想来问你爸，他是否知道弗雷迪在哪里。这样我可以去看看它。”

“我爸不在家，”安妮略带歉意地说，“我会告诉他你来过了，我想稍后他会发电邮给你。”

然后，她当着他的面就要关上大门。乔治不敢相信自己的眼睛。到底怎么回事，不久一切都清楚了。

“谁在那里？”一个大男孩的声音从安妮身后传来。

“哦，这是，唔，是住在隔壁的人。”安妮说，来回地看，显得似乎困在两人之间，“他要见我爸。”

她把门又开大了一点，现在乔治能看到另一个男孩。他比乔治和安妮都高，有着冲天的黑发和焦糖色的皮肤，穿着和安妮一样的绿色校服。

“嗨！”他越过安妮头顶向乔治点点头。“对不起，埃里克不在这儿，你最好离开，我们会告诉他你来过。”

乔治难以置信地惊呆了。

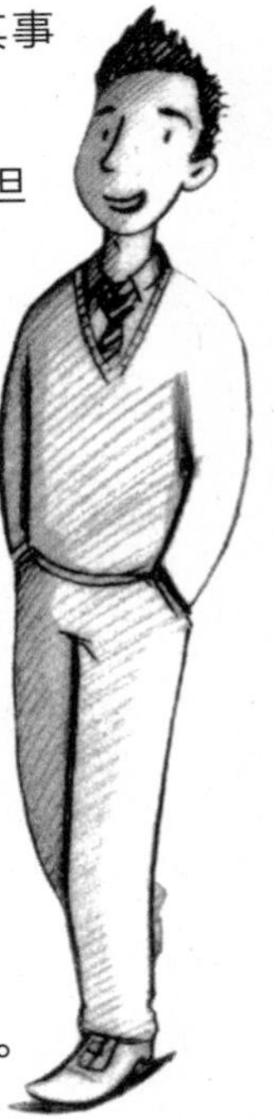

“我是文森特，顺便说一下。”那个男孩若无其事地说。

“文森特也是今天开始和我同校。”安妮说着，但并未直视乔治。

“真的？”乔治惊奇地说，“你也在七年级？”

“不是，”文森特显然有点烦，“十年级，我认识安妮是在校外。”

“哦，这样啊。”乔治说。

“文森特的爸爸是电影导演，”安妮有点害羞地说，乔治感到她过去从未像现在这个样子，那表明她极其钦佩文森特。“他认识我爸——他正在制作我爸新的电视系列片。”

“电影导演，”乔治说，感到被打败了。“不错啊，我爸是有机作物园丁。”乔治语带挑衅地对文森特说。

“快点儿，安妮，”文森特说，“我们该去滑旱冰了。”

“我妈要带我们去冰场，”安妮告诉乔治，“文森特是滑板冠军。”

“那么，你们去滑吧，”他努力使声音听起来正常，“你们一道去滑吧。”他转身向后沿着花园走道走，一直走到篱笆的破洞边。安妮和文森特一直站在门口看着他。

乔治努力装作若无其事的样子跃过破洞，好像以前他无数次做过的那样。但他并不成功，他撞到木板上，扑通一下摔在地上。他忍不住四下看看。安妮和文森特还在那里，真是太让人生气太不公平了。当他到门口时，他们不打算开门，现在他们却不离开。

他尽力保持着尊严。他爬起来，镇定地走过破洞，装作若无其事。但他心里感到伤痛和冷落。这仅仅是开学第一天啊，安妮已经有了新朋友而且有好玩儿的事情做了。

乔治还有什么呢？

现在他没有猪，也没有安妮，他突然觉得空虚孤独。他悲伤地走回家。

稍晚，当乔治做完家庭作业和杂事，他想再到隔壁溜一趟，只是在安妮和那个滑板冠军文森特回来之前，看看埃里克是否在家。

乔治发现后门微微敞开着。他推开门，偷偷走进屋。整个屋子暗而安静，不寻常的冷，似乎屋内的冬天已经开始，而外边还只是

初秋。不像有人在家，但是如果后门没上锁，乔治想肯定周围有人，他仔细寻找生命的迹象，什么都没有。

在一片昏暗中，他突然注意到埃里克书房的门底下透出一线淡蓝色的灯光，他轻轻敲门。

“埃里克！”他叫道，“埃里克？”他把耳朵贴在门上。只有机器的嗡嗡声，这说明 Cosmos 正在运行。

乔治有些犹豫。他是否应该打开门？如果埃里克正在研究重要的理论，他不想打扰，但或许这是唯一的埃里克独自在家的机会。他用指尖小心地推开书房的门。

除非你将 Cosmos 也算一个人，并没有人在书房里。Cosmos 像往常一样在书桌上，像圣诞树上的灯一样警觉地闪亮着。

他的屏幕上闪出一对灯光，那是 Cosmos 用来描画宇宙门户的——而它曾带领乔治和安妮做过很多次宇宙旅行。两道光束悬在空中，通往宇宙的门户挂在书房的中央，埃里克的绒面便鞋夹住门，让它开着。

从打开的门缝中，乔治能看到深黑色的天空下，荒凉的火山口表面。他向前倾身，把门开大了一些，于是他能看得更清楚。但他被灿烂的阳光照晕了，不得不用手臂遮住眼睛。

他从门户退回，看看埃里克的书房。突然他瞥见自己的旧宇航服，它皱巴巴地丢在屋角的扶椅上。他快速地穿上宇航服，检查了一下氧气袋的充气水平，像埃里克示范过的那样扣紧，准备进入太空入口。

他的手安全地放在太空手套中，乔治推开门户，看到月球表面的特写视图，那是离地球最近的天体。灰色的尘土沿地面展开着，

一直延伸至远处。强烈的阳光照射其上，在裂纹上留下明显的影子。

在门户道和山岳之间，乔治认出一个微小的人，他正向远处的一座火山口疯狂地弹跳。即使穿着连体宇航服，戴着太空头盔，他依然从不平而快乐的跳跃步伐中辨别出那是埃里克。在地球上，埃里克走路时注意力不集中，走起来踉踉跄跄，在太空中，他好像解脱了地球的束缚，他享受着，为宇宙的奇妙狂喜。

乔治大胆地迈出一步，跨过门槛，他一只靴子踩在地球上，另一只靴子踏在月球上。

当他离开行星地球，他开始飘离地面，当他再次着地，月球的表面在他脚下发出咔嚓声。在月球的低引力下，他只要轻轻地动一动宇航靴就能一跳几步地进入空中。

“哈罗，地球人！”乔治喊道，他又向前蹦了几步。他知道地球上无人能听到他的呼喊，但他就是要在踏上月球第一步时说点儿什么。在黑色天空的背景下，他家乡的行星犹如一颗点缀着白色云雾的蓝绿色珠宝。虽然安妮和乔治已经有过激动人心的宇宙探险，但这是乔治头一次这么近地观看他家乡的行星。

从火星上，地球只是天空中的一个小亮点。

从土星奇怪的冰封卫星土卫六上，乔治和安妮甚至不能透过厚厚的气体云看到地球。

当他们到达巨蟹座 55 太阳系时，地球完全看不到了。即使使

月球

问：我们的月球是什么时候形成的？

答：月球估计是 40 亿年前形成的。

问：它是如何形成的？

答：科学家认为一个行星尺度的物体撞击地球，引起一团岩石碎片的尘状火热的云抛到地球轨道上。当这团云冷却下来，它的部件小块粘在一起，最终形成月球。

问：它多大？

答：月球比地球小多了——大约 49 个月球的体积才相当于 1 个地球的体积。它的引力也较小。如果你在地球这里重 45 千克，你在月球上就比 7.5 千克还轻！

问：它有大气吗？

答：没有。这就说明了为何月球上的天空总是黑的。这表明，如果你待在月球的阴暗处，任何时候都能看到星星。

问：在科学家发现月球如何形成前人们如何解释月球？

答：很久以前，人们相信月球是一面镜子，或许是夜空中的一盆火。几个世纪里，人类认为月球对地球上的生活具有魔力。他们在一个方面是对的——月球的确影响地球，但不是用魔法。月球对海洋施加吸引力，产生潮汐。

问：月球上能维持生命吗？

答：月球上不能维持生命，除非人们穿着太空服。但是可以慰藉的是，越来越多的证据表明，月球含有比科学家仅仅几年前所认为的多得多的水——这是我们所知的生命的最重要成分。尽管它是冻结的，而任何到月球去的地球移民都将要花大力气将它转化成对生命友善的流体形式。

月球

问 : 我们的月球被其他文明访问过吗？

答 : 离我们最近的天体已被来自地球的航天员访问过 12 次。1969 年至 1972 年 , 12 名 NASA 的航天员在月球的表面上漫步。月球是否在地球文明开始之前已被外星人访问过并留有他们的痕迹？这些外星人到过我们的“隔壁”吗？这是极不可能的，然而地球上的一些科学家正再度寻找月球岩石，看能否得到任何线索。

用望远镜，他们也只能从我们的太阳，即我们太阳系中心的恒星发来的光线的非常微小的颜色变化中隐约看到地球在那儿。然而，在月球上，他距离地球既能近到可以看到他的地球家园的细节，又足够远到能欣赏它的美丽。

在欣赏了美景之后，他向埃里克的方向跳去，并很快地跨越了他们之间的距离。当他与科学家会合时，埃里克已经消失在浅火山口中，正在观察着插入火山口底部的落满火山灰的机器。

“埃里克！”乔治通过他的语音传感器喊道，“埃里克！是我，是乔治！”

“好伟大的引力波啊！”埃里克惊喜地喊道，他从分解的登月车里抬头，“你吓了我一跳，我没想到会在这儿遇到什么人。”他并没有听到乔治踏上月球时喜悦的第一声喊叫，他通过语音传感器的声音还不能到达埃里克这里。

“我到你的书房，看到门开着，”乔治解释道，“你在这里干什么呢？”

“我只想很快地到月球上来一下，”埃里克有点内疚，“我要弄点月球上的岩石仔细观察。我得到了关于外星文明的这个理论，想对这个理论进行研究。我考虑如果外星人曾在过去访问过我们——比如几亿年之前——他们总会在什么地方留下痕迹。我不认为有人已经通过月球上的石头来寻找外星文明的痕迹。我要从新的角度来观察这些石头，看看是否有生命的痕迹。以前没人以这种方式来检视

月球之石，因此我想我能寻得一些东西。看看吧，当我收集样品的时候，碰到了什么？这是登月车。”

“它还能工作吗？”乔治问，他很快就赶到埃里克站着的地方。这场景就像一辆撞毁的沙滩便车被遗弃在月球上。乔治全神贯注地查看登月车，埃里克吃力地爬到驾驶座上。“你能修好它吗？”

“我估计电池现在彻底没电了。”他用穿着太空服的胳膊扫了扫登月车上的灰尘。

“方向盘没了，”乔治注意到，“我们怎么驾驶它呢？”

“问得对！”埃里克在他腿上蹭了蹭衣袖，月球灰在白太空服上留下了一长条灰色的痕迹。“一定有什么办法可以开动……”他胡乱拨弄着驾驶座之间的 T 形操纵杆。但并未有任何动静。操纵杆似乎是控制台的一部分。埃里克用套在太空手套里的大拇指掸去控制台上的火山灰，他看到一组标有“动力”“驾驶动力”“驾驶挡”字样的开关。“啊哈！”埃里克高兴地说，“休斯敦，我们有答案了。”

乔治跳进登月车，坐在埃里克身边。“如果你按一下开关会怎么样呢？”他激动地问，“我们可不可以试一试？”他希望埃里克不要以大人的口气拒绝他，说什么他们不能把别人的登月车弄得一团糟，而埃里克没让他失望。

“是呀，我们当然可以了！”埃里克说，他一次按一个开关，然后动动操纵杆，随着他的一举一动，登月车突然地向前冲去。始料未及的移动把他们俩弹出车外，弹到空中。

“它能走啊！”埃里克喊道，又爬上车。“乔治，当我开着它出火山口时，你能从后面推一下吗？月球没有引力，应该比较容易。”

“为什么我必须推一下？”乔治抱怨着，“为啥不让我开车？”但

他还是走到登月车后面并准备推车。埃里克再次推动操纵杆。当他这么做时，登月车的轮子在地面上翻腾着，月球灰尘和岩石像泉涌似的散落在乔治身上。

“使劲儿推一下。”埃里克喊着。此时乔治大力一推，登月车奋力挣了出来，开上火山口外的平地。

“好啦！”埃里克说，他高兴地搓着戴手套的双手，跳出驾驶座。“好多了。”他赞赏地拍拍登月车。“好棒的机器！它40年都没有用过了，却还能工作！这才是真正的汽车。”

“它是谁的啊？”乔治问道，此时他浑身已蒙上了月球灰尘和小石块。

“那是阿波罗号登月者留下的，我这么推测。”埃里克说，“看，那边！那里肯定有一个登月舱的梯子。”埃里克指着一个四条腿的物体说，那东西蹲在远处。“那是太空历史的碎片。”

当他们俩在发现物前因惊讶而沉默时，周围一片寂静。突然，埃里克似乎意识到他事实上是站在月球上，陪伴他的是他的邻居——一个叫乔治的学生。

“乔治，你到底为啥要跟我上月球？”埃里克问道。

“我来问你弗雷迪。”乔治解释着，“你没告诉我它的新家在哪里，我甚至不知道它在哪个行星上。”

“哦，颤动的类星体！”埃里克喊着，他用手猛击着自己的太空盔。“我也不知道啊！我们要问Cosmos去。别担心——我们知道弗雷迪非常安全，身体好——我们只要找出它在哪里！还有什

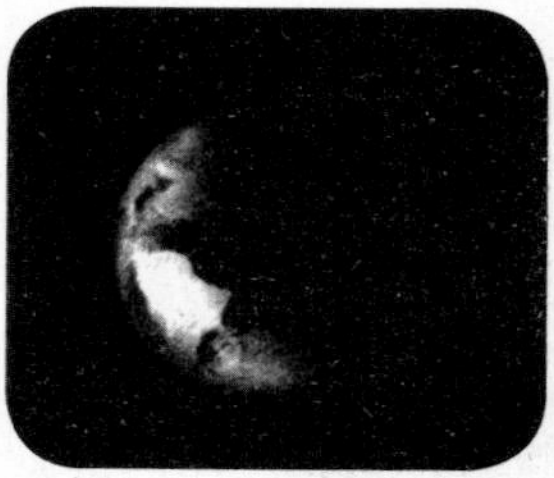

么事我忘掉了吗？”

埃里克是出名的好忘事，他也不介意承认。他从未忘掉重要的事，比如他的宇宙理论，但他经常忘记日常事务，比如忘记穿袜子或吃午饭。

“咳，你忘记的没有比我问你的更多。”乔治解释道。

“你问了什么？”埃里克说。

“你的研究工作……探讨宇宙起源是不是一件危险的事。”

“不是，乔治，”埃里克肯定地说，“它不危险。事实上，我想如果我们不考虑有关宇宙的起源，那才危险呢——对于我们从何而来，我们在这做什么，我们如果只是推测而非基于事实，那才危

险呢。”

“我们试图去做的事是理解这个伟大的宇宙如何”——埃里克挥舞臂膀，扫视着陡峭的山脉，黑色延展的巨大天空，而远处行星地球好像小摆饰似的悬挂在月球景观的上方——“得以存在。我们要知道亿万颗恒星，无数的美丽的星系，行星，黑洞，以及无与伦比的地球上多样的生命都是如何和为何而来——它们这一切到底是怎么开始的？我们试图回到大爆炸以找出缘由。那就是研究宇宙起源的宇宙学的科学都要讨论的。强子对撞机可以帮助我们重建时间初始的那一时刻，这样我们就能更好地理解宇宙如何形成。”

“我们将要做的没有危险。唯一真正的危险来自那些试图阻止我们做这件事的人：为什么他们不要揭示早期宇宙的秘密？为什么他们要人们恐惧并害怕科学能为我们做的？乔治，对我而言那才是巨大的奥秘。”听起来埃里克有点沮丧。

“但你不认为那些人将试图伤害你和其他科学家吗？”乔治问。

“不，我不这么认为。”埃里克说，“他们只能鬼鬼祟祟地做些讨厌的事——他们甚至不敢露脸，因此我不觉得他们那么可怕。忘记他们吧，他们只是一堆失败者。”

乔治现在感觉好多了——无论是对弗雷迪还是宇宙的起源。一切突然变得没那么糟糕。他和埃里克转身向宇宙门户蹦跳而去，那扇门依然在远处发着微光。一般情况下，当他们在太空探险时，宇宙门户会关闭，但埃里克只是出去几分钟，他就用一双旧鞋顶着门。

当他们到达门户时，埃里克从口袋里拿出太空相机。“我们应该照张相！说‘茄子！’”他说着，趁乔治双手竖起拇指时，照了一张快照。

当埃里克收回相机时，“有人会注意到我们移动了登月车吗？”乔治问。

“如果他们特别仔细地观看，”埃里克说，“月球这部分不在持续监控之下。那就是为什么我选择它作为安全着陆点。”

“无论如何，他们应该高兴，”乔治指出，“我们把他们的登月车弄出火山口了，而且还让它重新工作。”

“等一下，”埃里克说着望向天空，“那里有光，不是彗星。”一道小而刺眼的光向着他们移动。

“那是什么？”

“我不知道……但是无论它是什么，它都是人类的造物——现在该走了。我找到了我需要的岩石。走吧！”

他们俩跳过 Cosmos 的宇宙门户，回到他们宇宙旅行的出发点。

最新科学理论

宇宙的创生

关于世界如何开始有许多不同的故事。例如，根据中非波桑戈人的说法，在开初只有黑暗、水和伟大的奔巴神。有一天，奔巴肚子疼痛，呕吐出太阳。太阳晒干了一些水，留下土地。他仍然痛苦，又吐出月亮、星星，然后一些动物——豹、鳄鱼、乌龟，最后还有人。

其他人民还有其他的故事。它们是回答这些大问题的早期尝试：

我们为何在此？

我们从何而来？

回答这些问题的第一个科学证据是在约 80 年前被发现的。人们发现，其他的星系正在远离我们而去。宇宙正在膨胀，星系越分越开。这意味着这些星系在过去靠得很紧密。近 14 亿年前，宇宙应处在一个非常热和密集的称作大爆炸的状态下。

宇宙从大爆炸起始，越来越快地膨胀。这就是所谓的暴胀，因为它就像商品的价格不停地上涨的方式。早期宇宙的膨胀率远远超过价格上涨速率：我们认为，如果价格在一年内翻两番，通货膨胀率就很高，但宇宙尺度在一秒的极微小部分的时间内就翻了很多番。

暴胀使宇宙变得非常大，非常光滑平整。但它并不是完全平滑的：从一处到另一处的宇宙有微小变化。这些变化引起了早期宇宙温度的微小差异，我们可以在宇宙微波背景辐射中看到它。

这意味着，一些地区将膨胀得略慢一些。较慢的地区，最终将停止膨胀并坍缩成星系和恒星。我们多亏这些差异的存在。如果早期宇宙完全平滑，那就没有星系或恒星，也就不可能发展生命。

史蒂芬

第五章

他们俩坠落在科学家杂乱的书房里。为了不让那个神秘的卫星发现，他们匆忙地落到一堆又脏又乱的宇航服上，原为白色的宇航服已经不再白了。

“宇宙门户关闭，”Cosmos 告诉他们，“你已经被带回到离开太阳的第三块岩石上。”

“Cosmos，你的智力水平已经扩展至无穷甚至以上了。”乔治说，他知道超级电脑多喜欢听恭维话。

“虽然技术上是不可能的，”Cosmos 回答，它的屏幕转变为玫瑰红色，犹如以往那样，它一感到害羞就如此，“不过我同意你的话。”

乔治一着地，就开始扭动着脱去他的太空服。现在太空服仍在地上，看起来好像蝴蝶飞走之后空空的毛虫蛹。仍然穿着宇航服的埃里克正仔细地包起那块珍贵的月球岩石，这时他们听到门外传来脚步声。

“快！”埃里克小声说，“藏起你的宇航服。”

乔治迅速把宇航服塞进角落里的大纸箱中。空中充满了从月球上带下来的飘浮的尘埃碎片。

“哈罗！”埃里克有点高调地打招呼，“苏珊，是你吗？”上次他们穿越银河去 41 光年的遥远的太阳系旅行，差点回不来，安妮的妈妈苏珊已不让孩子们陪埃里克去太空了。

“哈罗，是我们啊。”苏珊说。她没到书房，而是直接绕到厨房里。快速跳跃的脚步声显示着安妮也回来了。

“那真酷！”她喊着冲进书房，“爸，我过生日时，可以得到一

个滑雪板吗？”她惊讶地停住了。“你为啥穿着宇航服？”她问，“乔治为什么在这里？”

“嘘！”她爸爸急速地说。

“不！你们没有……你们去过了！你们没带上我就去太空了？”她怒视着乔治。

“你去溜冰场了，”他亲切地说，“那里……真酷。比月球酷多了，我是这么想的。”

安妮眼看就要暴怒了，埃里克显得困惑，好像孩子们正说瓦尔坎语，而他忘记插上他的翻译器。

“我必须走了，”乔治说，“该吃晚饭了！再见，安妮。再见，埃里克。再见，苏珊。”

当他冲向后门时，苏珊在背后喊道：“乔治，别忘了你明晚要和我们一起去听讲演！你的票在我们这儿……”

第二天，像事先安排的那样，乔治在埃里克来大学演讲之前就到了安妮家，安妮却不怎么高兴看到他。

“月球上怎么样？”当他们正戴自行车头盔时，安妮生气地问。“哦，别，别跟我说——我打一兆镑的赌，反正那里糟糕无比。”

“但你和文森特去溜冰场了，”乔治反驳道，“你并没邀请我去！”

“你从来没说要去！”安妮嘟囔着，跳上她的脚踏车。“你从来没说过你喜欢滑雪板！但你

一直知道我想去月球超过想干任何事儿！月球是全宇宙我最想去的地方，而你去了，却没带上我。你不是我的朋友。”

虽然乔治一向知道安妮行事不公平，但他却难以回答。为什么她对他与埃里克一起做点事就生气，而她正忙着和那个电影导演的儿子文森特干其他有趣的事儿呢。可乔治不能那样质问她。他只是反抗似的骑车在她家门口打转直到苏珊出来。苏珊抱着一个大纸盒，那盒子被她怪怪地平衡在自行车手把上。

“行了，你们俩。”她高兴地说，决定不理会安妮和乔治之间的相互埋怨。

他们三个一起骑车到城中心。几个世纪以来，数学系都坐落在

狐桥镇中心窄巷中一座气派的大楼里。但当他们离开自行车道，来到小巷中时，他们发现这里挤满了人，别无他法，他们只能跳下车，推着。

他们试图挤开一条路，穿过人群，安妮问道，“这些人是谁啊？”

“让我们把自行车留在这里吧，”苏珊指着一个自行车停车架说，“带着它们，我们挤不到离数学系更近的地方了。”他们锁上车，悄悄地穿过人群，走向入口：那是两扇两边带着廊柱的玻璃门，门口站着大学工作人员，有点焦虑地看着下面的人群。

“他们都是来听你爸演讲的！”乔治对安妮说，他正努力跟在苏珊后面挤上台阶。“看！他们都试图进入大楼！”他们周围，人群蜂拥，所有的人都想进入那栋在门廊上方刻有“AD EUNDEM AUDACTER”献辞的古老石头建筑。

“到底怎么啦？”安妮嘟囔着，竭力跟上乔治，“为什么这么多人要听我爸讲数学？”

他们闪避迂回向前，走上由职员把守的台阶，那人立刻伸手拦住了他们。

“教授演讲处，不许进！”他厉声说。

“对不起！”苏珊礼貌地说，“我是贝利斯教授的妻子，这是他的女儿，安妮和她的朋友乔治。我们来帮助埃里克布置演讲厅。”

“哦，对不起，教授夫人！”职员道歉，“我们一般不会为数学系做保卫工作——这不像个出大乱子的地方！”他掏出手帕，擦擦前额，“但看来你丈夫很有名。”

当苏珊和两个孩子转身看着等候的人群时，他们突然听到来自人群后的喧哗。

“抵制这个可耻的科学家！”喊声反复有节奏。有一小队外罩黑衣头戴面具的人挥舞着旗帜。“不要让科学发展毁灭了我们的宇宙！”

职员很震惊，他向对讲机急速地说：“数学系——再派些人来。教授夫人，赶快到里面去。”他说着并打开门，领着苏珊和孩子进去。“我们来对付他们，”他严肃地说着，“在狐桥，我们不能容忍这种行为，就是不能在这里这么干。”

第六章

当他们一到里面，苏珊很快地拖着看呆了的孩子们离开大门。他们穿过门厅，找到大会议厅。“不要理会外边发生的事。把这些放在每一把椅子上。”苏珊一边镇定地说，一边递给他们每人一个小纸盒，里面装了很多墨镜。

埃里克是这所古老而辉煌的狐桥大学的新数学教授，这是他的第一次公开演讲，看起来，一切准备就绪。

安妮和乔治在一排排座椅间移动着，小心地分放墨镜，刚才安妮真被外面的抗议者吓着了，现在她还在微微颤抖。

“妈，会发生什么？”她问，“那些人是从TOERAG来的吗——就是爸告诉过我们的？”

“我不是很清楚，”她妈妈温和地回答，“但他们确实反对你爸爸探索宇宙起源的实验。他们认为那些实验太危险，必须在它们走得太远之前就停止。”

“但那是疯了！”乔治说，“我们都知道埃里克的实验是安全的！并且可能向我们揭示宇宙是如何创生的，它们好像拼图玩具的最后一片，科学家几乎永远在研究它！我们不能在看到整个图像之前，扔掉最后一片啊。”

现在从厅后双开门到厅前的一排排座位上，放置墨镜的工作已经完成，埃里克将在厅前演讲。大门突然打开，一个瘦高男孩快速向他们冲过来。他跳下滑板，在乔治身边停下，当他把滑板拿在手里时，滑轮还在转动。

“哒——哒！”他通报着。

“文森特！”安妮惊喜地尖叫着。“我不知道你会来。至少我已经有一个朋友在这里了。”她指指乔治。

“我想大门是锁上的。”乔治粗暴地嘟囔着，希望大门还是上锁的。

“他们刚把门打开，然后”——文森特指着他的滑板——“我直接滑到队前。”

“那些穿黑衣的人都走了吗？”安妮问，现在观众们已经进入演讲大厅，正在找座位坐下，查看着放在椅子上的墨镜，好奇它们将派何用场。

“是，他们逃走了，”文森特说，“怪怪的一帮人。到底是为什么？不道德的科学家——一帮傻子！”

安妮对着文森特笑的那个样子让乔治真想猛揪她的马尾辫，把那表情从她脸上抹掉。

“他们中的一位试图和我讲话。”文森特又说，同时左脚把滑板上下翻转。

“他说什么？”乔治问。

“我听不清楚，”文森特承认，“他戴着面具，我猜他是试图透过羊毛袜子说话。但如果他试图说一个字，那确实听起来像那个词。”

“什么词？”乔治好奇地问。

文森特小心地看了他一眼：“实话实说，伙计，听起来像是在说你的名字。听起来像是在说‘乔治’。”

“为什么一个抗议的人说‘乔治’？”安妮困惑地问。

“也许他不是说‘乔治’，”文森特相当理性地说，“也许只是听起来像那个词。也许在‘我是无缘无故黑装扮的狂人’的语言里，那个词别具他意。我爸在他影片首映时总是有些麻烦。”他吹嘘道，“如果你没有几个怪诞的粉丝，你就什么都不是。事情就是这样，随名气而来就有这种事。”

“是啊！”安妮赞赏地说，“电影首映。那一定是这样的，像这样，令人大吃一惊。”

“是，”乔治含混地回应着，“令人大吃一惊！”他并非讥讽。他正专注地想抗议者中的那个人为什么要说他的名字。他想，在狐桥高塔下学院里废弃的小屋里的那些人与外面的抗议者一定有关。除了那些蒙面黑衣的并相信埃里克的工作会在几分钟内撕碎宇宙的人，还会有什么人称埃里克为邪恶、不道德的科学家？但是他们中的任何一人又怎知乔治的名字？怎么可能？

此时，厅内的灯明暗了几次，一个非人声的嗓音宣布着——乔治和安妮听出那是 Cosmos 的声音——“各位找到自己的位置，请坐下”。

“女士们，先生们，孩子们以及宇宙旅行者们，”声音继续着，“今天我们将去旅行，而这次旅行与你们过去经历的毫不相同。准备好，女士们，先生们，年轻的旅行者！准备与你们的宇宙相遇！”

随着最后一句话，大厅变暗了。

第七章

乔治、安妮、文森特很快在他们的座位上坐下来。他们都在第一排顶头的几个位置，乔治身边只有一个空位。整个大厅坐满了人——已经没有空位了。黑暗中，他们听到观众的脚步声，然后就静了下来。

“宇宙旅行者，”Cosmos低沉有力的声音响彻大厅。“我们要走完百多亿年，你们必须准备好！准备走回过去直到太初，准备理解一切都是如何开始的。”

“请戴上墨镜，”它继续说，“我们将向你们展示极为壮丽宏伟的景色，我们不想让你们的眼睛受伤。”在听众的上方，一束极细极亮的白光出现了，并延伸至黑暗的中央。同时，乔治突然意识到身旁的空位坐了人，他偷偷溜进来坐下。乔治转头看他时，正好Cosmos发出一大束强光照亮了整个大厅。照亮的时间刚好足够长到使乔治能看到他身旁的那个人，并注意到他戴着一副不寻常的眼镜，镜片既不是透明的也不是黑色的，而是鲜黄色的。

乔治有生以来只看过一次这样的黄眼镜，那还是当他与安妮和 Cosmos 从黑洞里营救埃里克时，科学家从黑洞出来时就戴着一副这样的黄眼镜。它并不属于埃里克，那模样奇怪的眼镜在那个超巨大的黑洞里干了什么，这个谜一直没有解开。

“你从哪里弄到这副眼镜？”乔治开始问，但他的声音被 Cosmos 的声音淹没了。

“我们的故事开始于 137 亿年前，” Cosmos 讲解着，微粒大小的一点光盘旋在再次黑暗的大厅里。“那时，宇宙中现在我们能看到的一切——以及由于其不可见而使我们看不到的一切——只是从一个微粒，比一个质子还小得多的微粒起始。”

“而可得到的空间本身也小，因此万物必须塞得满满的。如果我们尽可能远地向时间的过去瞭望，那时的条件是如此之极端，以至于物理学都无法准确描述起源的那一刻。但是，如我们所知，宇宙似乎在 137 亿年前从零尺度开始，后来膨胀。”

那点光突然增大，好像气球充气一样。气球有些透明，它的表面上能看到明亮的旋涡式的运动，此外，球内似乎空无一物。

“这热汤类的物质，”Cosmos 继续说，“将成为我们的宇宙。注意宇宙只是球面——这是三维空间中的两维模型。随着球体增大，表面扩张，内含物分散开去。

“时间也是与空间一起开始，这是大爆炸的传统图像，在这图像里，在这个历史开端，包括空间和时间在内的一切突然起始了。”

在他们的头上，气球向外膨胀，它灼热旋转的表面似乎要吸住听众。扭动的色彩缠绕，然后它们好像一片云似的变暗，破裂，只留下黑暗笼罩着整个大厅。观众惊奇地发出“哦啊”的感叹声。

片刻，暗淡的移动的光片再现于黑色的天棚；云片形成了银河系的形状，摊开，相互远离，直到完全消失，黑暗再次降临。

“真的是这样吗？”Cosmos 问道，“一些科学家质疑大爆炸真是历史的起源。我们虽然尚不确定，但让我们去捕捉大爆炸之后比一秒还短暂得多的时刻的故事吧，当可观察的宇宙被挤压进入很小的空间，这空间比质子还小。”

“想象吧……”另一个声音在说，舞台上，聚光灯下，埃里克满脸笑容地站在那里。听众席爆发出掌声。“在这极早的时间中，想象你就坐在宇宙里……”

大爆炸——科学讲演

在这极早的时间中，想象你就坐在宇宙里（显然，你不能坐在它外面）。你将会非常艰难（因为这个大爆炸汤内的温度和压力是如此极端的高）。

回到那时刻，我们在身边看到的万物都被挤进比原子小得多的区域。

这是大爆炸后比一秒还短暂得多的瞬间，但在所有方向上一切看起来都相同。并没有火球往外飞奔；而是物质的热海充满了空间。该物质是什么呢？我们不能确定——这可能是我们今天没有见过的一类粒子；它甚至可能是“弦”的小圈圈；但它肯定是“奇异的”东西，我们现在不能指望看到它，甚至在我们的最大的粒子加速器里也不能。

随着奇异物质充满的空间越变越大，它酷热的微小海洋正在膨胀——物体在所有方向上都远离你奔流而去，而海洋变得较为稀薄。物体离开得越远，你和它之间的空间就膨胀得越厉害，于是物体离开的速度也越快。海洋中最远的物体实际上比光速还快地飞离你。

现在很多复杂的变化非常迅速地发生——所有这一切发生在大爆炸后的一秒钟内。该微小宇宙的膨胀使小海洋中的热的奇异流体冷却。这引起了突变，正如水冻成冰时的变化。

一方面，当早期宇宙仍然比一个原子小很多时，流体的一种变化是引起称为“暴胀”的膨胀速度的惊人增大。宇宙的尺度加倍，加倍，再加倍……直至在尺度上加倍约 90 次，从亚原子增大到人的尺度。就像把床罩拉直一样，这一巨大的拉伸抹平了物质上的一切大起伏，这样我们最终看见的宇宙将是非常平滑的，并在所有方向上几乎是相同的。

另一方面，流体中的微观涟漪也被拉开，并变得大得多，而后来这些触发形成恒星和星系。

暴胀突然结束，并释放出大量能量，这些能量创生了大量新粒子。这类奇异的物质已经消失并被更熟悉的粒子所取代——它们是夸克（质子和中子的构件，尽管当时太热还未形成质子和中子）、反夸克、胶子（它们在夸克之间、反夸克之间以及夸克和反夸克之间飞行）、光子（组成光的粒子）、电子和其他物理学家熟知的粒子。还可能存在暗物质的粒子，尽管这些粒子必然出现，我们还不理解它们是什么。

这些奇异粒子到哪里去了？其中一些在暴胀时从我们这里飞离到我们永远看不到的宇宙区域去；还有一些随着温度下降衰变成不太奇异的粒子。此刻我们周围的物质比过去要凉快并稀薄得多，尽管还比今天的任何地方（包括恒星中）要炎热并致密得多。此刻宇宙充满了热的发光的，并主要由夸克、反夸克以及胶子构成的雾（或等离子体）。

膨胀在继续（以比暴胀慢得多的速率），在温度最终降到足够低，使一组两个或三个夸克绑在一起形成称为强子的质子、中子和其他粒子；还有反质子、反中子和其他反强子。宇宙达到一秒钟的年龄时，透过发光雾状的等离子体仍然很难看到什么。

在以后的几秒钟，至此产生的大部分物质和反物质相互湮没形成焰火，产生了大量光子。现在雾的主要成分是质子、中子、电子、暗物质和（最重要的是）光子，但带电的质子和电子阻止光子向远处行进，所以在这个膨胀和冷却下来的雾中能见度仍然很差。

宇宙的年龄为几分钟时，幸存的质子和中子结合形成原子核，主要是氢和氦核。这些仍然是带电的，所以雾仍然不透明。此刻雾状物质和你今天在恒星内看到的没啥差别，当然它充满了整个宇宙。

在宇宙最初几分钟的狂乱行为之后，接下来的几十万年间，其状态大体不变，继续膨胀冷却下去，热雾持续变得更稀薄、更黯淡，由于空间膨胀光的波长被拉伸而变得更红。在大爆炸 38 万年后，我们从地球上最终能看到的宇宙的部分成长到宽达几百万光年时，雾最后变清——电子被氢和氦核所捕获，形成完整的原子。因为电子和核的电荷相互被抵消掉，因此完整的原子不带电，于是光子的行进不被阻断——宇宙就变成透明的了。

在雾中漫长的等待之后，你看到了什么？你在所有方向只看到逐渐变弱的红色辉光，随着宇宙膨胀继续拉长光子的波长，辉光越来越红，越来越黯淡。最后，光线根本看不见了，到处只有一片黑暗——我们进入了宇宙的黑暗时代。

来自最后光辉的光子从一开始就穿行过宇宙，逐步地红化——今天它们可作为宇宙微波背景（CMB）辐射被探测到。而且它们还沿天空的每一个方向到达地球。

宇宙的黑暗时代延续了几亿年，在此期间实在没什么可看的。宇宙仍然充满了物质，但几乎全部是暗物质，其余为氢气和氦气，这一切都不产生任何新的光。然而，在黑暗中存在宁静的变化。

被暴胀放大的微观的涟漪，意味着一些区域包含比平均略多的质量。这将加大向这些地区的引力拉力，甚至带来更多的质量，而那里已有的暗物质、氢气和氦气被更近地拉在一起。经过数百万年，暗物质和气体密集团块由于这种增大的引力而缓慢地聚集，它们又因拉进更多的物质而逐渐成长，与其他团块碰撞合并而更快成长。随着气体进入这些团块，原子运动加快并变得更热。时不时地，气体热到足以停止坍缩，除非它可由发射光子而冷却下来，或与其他物质云的碰撞而被压缩。

如果气体云坍缩到足够的程度，它就分解成许多球团，这些球团密集得使内部的热再也不能散出——最终达到一个临界点，球团中心的氢核热到并被挤压到这个程度，它们开始合并（聚合）成氦核并释放出核能。你坐在一个暗物质和气体的这些坍缩的团块内（因为这是地球的星系将来所处之处），你可能会感到惊讶，你周围的黑暗被这附近的球团爆发的亮光划破——这是将要诞生的最早恒星，而黑暗时代就此结束。

大爆炸——科学讲演

最早恒星迅速燃烧它们的氢气，并在最后阶段将它们所能找到的核融合在一起，创生比氦更重的原子：碳、氮、氧和其他今天还都在我们周围（以及在我们之中）的更重的各种原子。这些原子在巨大的爆炸中像灰烬似的散回到附近的气体云，被收集起来创造下一代恒星。这个过程在继续着——聚集气体和灰烬形成新的恒星，死亡，并产生更多的灰烬。随着年轻的恒星创生，我们熟悉的星系——银河系——旋涡形成形。同样的过程发生于遍布整个可见宇宙的暗物质和气体类似的团块中。

从大爆炸以来已经过去了 90 亿年，这时由行星环绕，由氢气、氦气和来自死亡恒星的灰烬构成的一颗年轻恒星形成，并被点燃。

又过了 45 亿年，从该恒星往外的第三颗行星，将是在已知的宇宙中人类可以舒适存在的唯一地方。他们——你们——会看到恒星、气体和尘埃云、星系和太空中无所不在的宇宙微波背景辐射——但看不到暗物质，虽然它们在物质中占大部分。你们也不可能看到如此深远，因为甚至从其远端发出的 CMB 光子尚未到达我们这里，真的，在宇宙中可能还有不少地方，那里发出的光将永远到达不了我们的行星。

这是我们美丽的地球……

第八章

当埃里克演讲完毕，灯光亮起，全体听众跳起来，掌声爆发，久久地响彻大厅。

埃里克谦虚地几次鞠躬，然后磕磕绊绊地走下讲台，他立即就被热情的粉丝包围了，闪光灯不断地闪亮，摄像机像影子般地跟随他的每一举动。他周围很挤，安妮和乔治对靠近他根本不抱希望。人群慢慢地把他们推向后面，远离埃里克站着的地方。

安妮的脸颊因兴奋而发红。“太棒了！”安妮不停地说，也不是对某个人。“太棒了。”她喋喋不休地对文森特说着，而文森特茫然以对，似乎他还在看燃烧恒星的中心，并未回到行星地球的现实中来。

乔治突然听到身旁的咳嗽，咳声礼貌但却引人注意，他转头看到自己邻座的那人正站在身旁。乔治看出他已经相当老了，他头发白了，胡子蔫蔫软软的，穿着熨得平平的花呢外套，内套坎肩，一条表链搭在外套外。老人抓住乔治的臂膀。

“你坐在埃里克的女儿安妮身边，你认识埃里克吗？”他急切地低语。

“认识……”他试图向后退，老人的胡子几乎搔得他脸发痒。

“你叫什么名字？”老人问。

“乔治。”乔治回答，依然试图向后退。

“你必须找到他，”胡子老人急促地说，“我必须和他谈谈，这非常重要。”

老人戴着一副透明眼镜，这使乔治一度怀疑早先看到的黄色眼镜是否是想象。

“那么你是谁啊？”乔治问。

老人皱起眉：“你的意思是你不知道我是谁？”

乔治努力想着，他以前见过他吗？不知为什么他并不以为他们见过。但他身上有些东西是乔治熟悉的，他的说话方式——那东西正在乔治的脑子里提醒着他。

“你认识我，是不是？”老人坚持道，“继续想，告诉我我叫什么名字？”

乔治绞尽脑汁，但还是想不起他是谁，真丢人，他摇摇头。

“真的？”老人的脸耷拉下来。他明显地感到失望。“在我的那个时代里，我曾是非常知名的。”他悲哀地说，“每个学生都知道我的理论，就是说，你从未听说过祖祖宾教授？”

乔治感觉真坏，脸色都变了。“对不起，祖祖宾教授……”他无法说下去。

“听到这，我感到悲哀，”老教授难过地说，“你知道我是埃里克的老师！”

“是呀！”乔治喊道，他为总算有点儿积极的话可说而松了一口气，“我以前在埃里克大学时代的照片上见过你！你是他很棒的老师！”

祖祖宾教授看起来并没有高兴，“埃里克那个特棒的老师，”他嘟囔着，“我就这样被人们记住的啊，他们这样才想起我来，如果……”他好像在核实着，“无所谓了，把埃里克叫来，我在他办公室等他，快点儿，乔治。”他果断地说。

乔治必须从人群中挤出一条路来去找埃里克。此时埃里克身边簇拥着一群追星族粉丝，他正忙着回答问题。“别推啊！”当乔治试图闯过去时，有人不客气地对他说。他看到埃里克正拔下 Cosmos 的插头，折叠起来，把它夹在腋下。

乔治终于挤到埃里克身前，向他耳语道：“埃里克，祖祖宾教授在这里，他要和你讲重要的事情。”

“祖祖宾在这里？”埃里克转向乔治，很吃惊地说，“这儿？在演讲厅里？你确信是祖祖宾？”

周围的人群想与埃里克交谈，依然推挤着他，“祖祖宾，”乔治确认道，“他在你办公室里等候，他说是急事。”

“那我必须走了！”埃里克说，他拍了一下手，大厅静了下来。

“谢谢你们来听演讲！”他对粉丝们说，“下个月请再来，我们将讨论婴儿黑洞和宇宙的终结。晚安，女士们，先生们，孩子们。”

埃里克离开大厅时，那里爆发出一片掌声。乔治紧随其后，但他皱着眉。那个祖祖宾教授有些奇怪——是那副黄色眼镜或者他提起埃里克名字时的态度——这些都令乔治不安，他觉得他必须知道埃里克会发生什么事。

“什么，”祖祖宾教授说着，狠狠地把一张照片摔在埃里克的办

公桌上。桌上的半杯茶水、没打开的信封、科学论文、书堆都紧张地颤动不安了，“这是什么意思？”

“祖祖宾教授，”埃里克红着脸，坐立不安，“我……我……”

乔治惊愕地盯着他。他从未见过安妮她爸这样被责备过。

祖祖宾教授站在那里，看着他以前的学生：“埃里克 · 贝利斯，我知道这事与你有关，请你解释一下吧。”

乔治偷看了那张照片，上面是灰色的火山口表面。但模糊的照片中间站着两个不清晰的穿太空服的人。

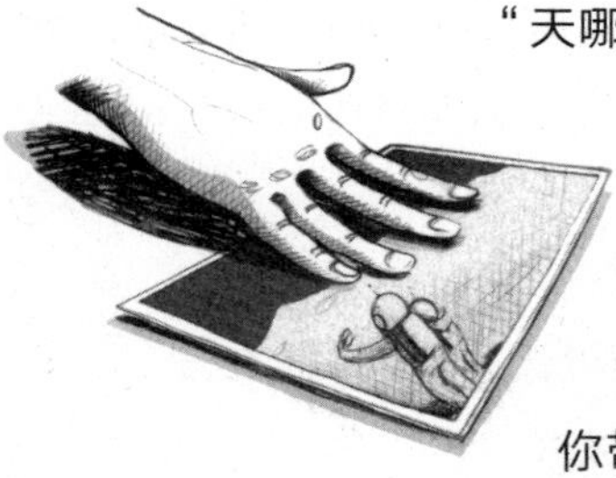

“天哪。”埃里克嘟囔着。

“真的是天哪。”祖祖宾教授说。

“都是我的错。”埃里克立刻说，“你不要责备乔治。”

“乔治！”祖祖宾教授暴怒，“现在你带孩子们去太空？下一步干什么？带上全校去月球上聚会？你到底想干什么？”

“不，就我一人，”乔治勇敢地说，“是我跟着埃里克去月球的，因为我想问他问题。他并没邀请我去；我是自己去的。”这话一出口，乔治意识到他的解释事实上把事情弄得更糟糕。

“所以在进行宇宙之旅时，你没关闭空间通道？”祖祖宾缓慢地说，“一个孩子为了去太空找你，在没人监护的情况下使用了它？你知道这问题有多严重吗？”

“我很遗憾，”埃里克说，看起来非常惭愧，“我不知道那里有卫星。”

“你太不小心了，这张照片，”祖祖宾教授反驳道，“是科学社团中国分支的林博士送给我的，他想知道，从 1972 年起就再没有载人卫星到达的月球，为何中国的卫星会在上面拍到注明了时日的两个宇航员的照片。”

“也不是太糟糕，”乔治满怀希望地说，“是吧？如果他们看不到空间门道，那么 Cosmos 依然是个秘密，他们可能以为照片错误。”

“错误？”祖祖宾教授喊了起来，“你用超级电脑去月球小小的一日游，被抓住了，你想那只算个错误？”

“别冲乔治喊，”埃里克振作了一点，他喝了一大口冷茶，似乎那增强了他的力量，“我承认——为了研究我手边的理论，我使用 Cosmos 去月球了——我需要一些月球石头做样本。但也就是这些了！故事完了。”

“不！”祖祖宾教授脸色变成猪肝色，“故事还没完！现在，这张照片还是高度机密——林博士一直设法不让它泄露出去——但一旦它泄露了，我们就会深陷麻烦。如果我们能够对 Cosmos 的存在绝对保密的话，它可限于作为科学发现的有效工具。如果一旦公开了，你知道将会发生什么。你是世界上最伟大的超级电脑的监管人，然而你却，你……”

他看起来是如此暴怒，乔治觉得他的头都要炸开了。

“这正赶上人类福祉科学社团最可能出现的坏时光。”现在他冷静下来，继续说着。

人类福祉科学社团是很特别的，他们由非常杰出的科学家组成，以便确保科学只用于善良的目的，而不会为邪恶所利用。埃里克是其中的成员——事实上，乔治、安妮也是。乔治在他与埃里克和安妮去黑洞旅行时加入的，成为最年轻的成员之一。

祖祖宾教授开始说教了:“今天,你肯定看到演讲厅外的抗议活动,你必须认识到那个万物理论抵抗添加引力组织正在积聚力量。”

乔治注意到他特别费力地称那个抗议组织是其他的什么,而非TOERAG,乔治觉得他那个称呼有点怪怪的,总之TOERAG与那个组织太相配了,那么,为什么这个谜一样的宇宙学家不那么称呼它呢?

“他们现在变得更加大胆,”祖祖宾教授继续说道,“今天之前,他们从没胆量出现在公众视野中。但当他们知道世界范围的人们逐渐拒绝科学,他们有了信心。在这种氛围下,如果公众从你愚蠢的行为中发现我们守着超级电脑的秘密,他们就会开始问我们还有什么东西不让公众知道——他们将会说,可能对撞机真有危险。恐怕我们将不被获准继续研究?我们的科学生命就完了。科学本身也会就此完结。”

乔治觉得埃里克要哭出来了,他从未见过他如此苦恼。

“我能做什么?”科学家拧绞着手指说,“我怎样才能弥补这件事。”

“我们已经要求召开人类福祉科学社团的紧急会议,所有成员都将参加,”祖祖宾说,他看了看吊在他马甲外的银色圆形怀表,“你必须带着Cosmos立即离开。他们要审核Cosmos在你监管下的所有活动,看看你是否正当地使用超级电脑。”

乔治和埃里克倒抽了一口冷气,如果人类福祉科学社团查看Cosmos的所有记录,发现他最近使用超级电脑运送一头猪可就不好玩儿了。

“你要向社团解释你做过的事情。”祖祖宾说。

“那可很难堪……”埃里克嘟囔着，心中还在想着弗雷迪。

“他们将决定你是否继续作为 Cosmos 的监管人，我将安排交接。”

“你的意思是，要拿走 Cosmos？”埃里克脸色发白。

“他们不能这么做！”乔治喊起来，“那是错误的。”

“我们看吧，”祖祖宾说，“埃里克，你现在必须离开。有人会到你家接你。”

“我去哪里啊？”埃里克问。

“去做大实验。”

“我和你一起去，”乔治说，“我也是科学社团的成员，我应该在那儿。”

“肯定不行，”祖祖宾一声雷吼，“你待在这里，这不是儿戏。”

“祖祖宾是对的，”埃里克温和地说，“这不关你的事，乔治。”

“那你将到哪里去？”他问，“在哪儿开会？你什么时候回家？”

埃里克吸了一口气，“强子对撞机，”埃里克平静地说，“我将会回到时间的起始。”

随即，他们三人各怀心事，默默地走出埃里克的办公室，走向双开门的入口处。埃里克和乔治走到街上，但当乔治回头看去，玻璃门中的祖祖宾并未跟上他们。老教授消失在前门的楼梯下。“真奇怪，”乔治

想，“祖祖宾去了哪里？”

“埃里克，”当科学家打开自行车锁时，乔治说，“数学系的下面是什么？”

“下面？”埃里克说，他完全迷惑了，“从学生时代起，我从未到过那下面。”

“那下面到底是什么？”乔治坚持道。

“我想是很多旧东西，大部分是老电脑。我不知道……”埃里克摇摇头，“抱歉，乔治，现在我脑子太乱。找到你的车子，我们骑车回家。”

第九章

回到埃里克家，安妮欢快地喊着演讲多么好。

“文森特说你棒极了。”她高兴地说，“他还说你把听众都震住了。”

但是快乐的气氛并未持续多久。苏珊一看埃里克和乔治就知道发生了意外，苏珊领着埃里克走进书房并关上门。关不关门其实并无区别——透过薄薄的墙壁，两个孩子仍能听到安妮父母说的每一个字。

“你是什么意思？”当埃里克报告了那个消息之后，他们听到苏珊在问。“你怎能今晚就动身去瑞士？学期刚开始，你的学生怎么办？我们怎么办？你承诺了帮我准备结婚周年纪念的聚会！这已经计划了好长时间了——别让我失望，埃里克，不要再让我失望了。”

“出了什么事？”安妮悄声问乔治，此刻他们正在厨房里走来走去。

“一颗卫星拍下我们在月球上的照片，”乔治告诉她，“照片被科学组织中国分支送到某个老教授那儿。现在你爸有麻烦了。他必须立即去参加强子对撞机的会议，向他们解释一切，看他们是否决定让他保留 Cosmos。”

安妮的脸都发绿了，“我们可能失去 Cosmos？”她愤愤地说。

“苏珊，”埃里克在隔壁说道，“我真抱歉。”

“你向我承诺过，”苏珊说，“你承诺你不再把我们的生活搞糟。”

安妮和乔治不想听了，但又忍不住听下去，每个字都那么可怕地清晰。

“如果我现在不去，我肯定将失去 Cosmos。”埃里克说。

“Cosmos！”苏珊气愤地反驳着，“我是真厌恶那个电脑，它只会制造麻烦。”

“那不对。”埃里克无力地反驳着。

安妮跑出厨房，冲进书房。“停下来！”她情绪激动地说，“我再不能忍受这个了！别再争！停下来，停下来！”

乔治呆呆地站在厨房里。自从他认识隔壁邻居后，他头一回情愿付出任何代价回家和父母待在一起。尽管他的小妹妹们吵闹不堪，尽管他妈烧的饭菜怪怪的，他都已不在乎，他只要离开安妮、苏珊和埃里克的生活，回到自己的生活中。

“安妮，请不要这样。”苏珊说，“这是你爸和我之间的事。”

“他们要拿走 Cosmos 吗？”安妮问她爸爸，但他看来已经漂移至自己的宇宙里。

“什么？”埃里克问，好像被吓了一跳。

“你没在听，是不是？”苏珊叹口气。听起来她完全被打败了。“我刚才和你讲话，你在思索科学。”

“我，我，我……”埃里克不能否认。

“如果你真的失去 Cosmos，我们可能过得更好。”苏珊鲁莽地说，“我希望他们把那个讨厌的电脑拿走，我们就能过正常的日子了。”

“妈！”安妮恐惧地大喊，“你不会真的希望吧？”

“不，我就是那么希望的，”苏珊说，“如果科学社团不毁掉那个可恶的机器，我就自己动手。”

这话一出口，屋内气氛变得冷漠而且很不舒服了。埃里克咚咚地跑上楼开始收拾行李，安妮跟随其后，满脑子都是向科学社团作何陈述的建议。“安妮！我将自己处理此事！”乔治听到她父亲以异常大的声音说话，“待到一边去！这与你无关。”

乔治依然站在那里，一动也不动地待在厨房的那个位置上，他

听到安妮跑下楼梯，跑出埃里克的书房，房门在她身后“砰”地关上。哭声传遍房子。

“安妮……”苏珊温和地敲着书房的门。

“走开！”安妮喊着，“我恨你，恨你们所有的人！”

苏珊来到厨房，脸上苍白又憔悴。“我真抱歉，乔治。”她用疲惫的声音说。

“没事。”乔治说，但其实并非如此。他从未见到过成年人这样争吵，这让他感到不舒服。

“你该回家了。”苏珊友好地说。

埃里克出现在门道里，“这个，拿着这个。”他说，递给乔治那只名为布奇的仓鼠，它还在笼子里，“哦，还有这个，作纪念，”他悲伤地补充道，“我走了之后，如果他们真来这里，没收我的太空物品。我想你要保留这个。”那件东西看起来像一床塞进帆布包里的大白羽绒被。但乔治确切知道：埃里克给他的是他的太空服。

“你确信要给我你的太空服？”他说，他将帆布包背上肩，双手提着笼子。仓鼠布奇可不是一般的宠物。他其实是一台绝无仅有的超级纳米电脑，它是雷帕博士设计的，那个博士是埃里克的前同事，布奇几乎与伟大的 Cosmos 一样功能强大。

至少从理论上讲，布奇具有那样强大的功能——唯一的问题是埃里克不知道如何操纵它。这台纳米电脑被伪装成栩栩如生的皮毛小兽，但它没有控制板，不会对任何指令或操作指南做出反应。如果没有它的缔造者雷帕博士，它毫无用处。埃里克曾希望将它连到 Cosmos 上，但失败了。作为一只小兽，布奇安静地住在宽敞的笼子里，清洁自己的胡须，睡觉，在轮子上跑步——对于这台世界第二智慧的电脑而言真没什么挑战性……然而，在雷帕博士从遥远的物理研究所度过长假回来之前，埃里克不能让布奇做什么，只能保证它的安全，并保密。

除了雷帕，只有乔治、埃里克和安妮知道布奇。这件事使乔治突然意识到，人类福祉科学社团完全不知道世界第二超级电脑的存在。他们只知道 Cosmos。

“再见，乔治，祝你好运。”埃里克说。

“安妮怎么办？”乔治问。现在哭泣声停止了。

“我会让她发短信给你，”苏珊说，“当我们把自己的事安排妥当后。”

乔治悄悄地走出了安妮家的厨房，穿过后院，钻过篱笆上的洞。在黑暗中，他家的熟悉灯光迎接着他。他那关注生态的父亲自装的太阳能发电机不能提供强电流，到了晚上靠它充电的电池经常电力不足。

乔治打开后门，走进厨房，他妈妈黛西正为婴儿烹制蔬菜泥，家的气味立刻淹没了他，妈妈转过身来笑着面对他。

“你回家了？我的意思是真的回来了？”她看着她的长子在门道里踟蹰，手中抓着仓鼠笼子和帆布包。乔治的喉咙哽住了，他点点头。

“我真高兴，”黛西温和地说，“我知道有妹妹们在这里，你不容易……”在炉子两边，双胞胎在灯心草编的篮子里打瞌睡，她们又长又黑的眼睫毛拂着花瓣般完美的脸颊。“都会好的，”她继续说，拥抱着乔治，“她们长大一点就不会那么吵人了。”

双胞胎中的一个——乔治还是不能分清是哪个——在睡眠中笑起来，笑声美妙如银铃，又像星尘落在地球上。

“当她们大一点儿，你会感到吃惊的——你不能想象生活中缺了她们。”

乔治的父亲特伦斯，此时正站在门道里望着。乔治意识到他的父母从未对他过多地待在隔壁邻居家说过什么，想到这些，他突然

感到更爱他们了。

“乔治，你回来了真好。”他爸粗声说着，“我们都想念你，来，我帮帮你。”他拿过仓鼠的笼子，端详着那台世界上第二强大的电脑，而它此刻正像婴儿般地睡着。“它是谁？”

“它是布奇，”乔治说，“他可以放在我房间吗？”

他父母笑了，“当然可以。”黛西说，“多乖的小东西！比那只可笑的老猪小太多了。”

“我把它带上楼去。”特伦斯说。

随即，乔治爬上楼梯，来到自己的卧室，在自己的床上睡觉。窗帘打开一条缝，如果万一他夜间醒来，往外看也许能看到流星。

第十章

楼下寂静黑暗的街道上，一辆长长的闪亮的黑色汽车停在埃里克家的门前。司机下车，摁门铃。脸色苍白的埃里克正等在门后，他拎着一只小皮箱，Cosmos 放在电脑包中。他在门口道别，苏珊和安妮紧紧地拥抱他。

“我必须走了。”他说，苍白的脸上他的眼睛燃烧着，好似两颗正在熄灭的星星。

“祝你好运，”苏珊平静地说，“埃里克，请当心些，请千万当心！保持警觉，有坏人啊，他们不喜欢你。”

“别说了，别说了，我不会有事的！”他努力显得快乐。现在他真的走了，苏珊、安妮不能再争什么了。“过几天，我就会回来，我们都会嘲笑这件事！那不过是一个愚蠢的误解—— 一旦我有机会解释，没人会找碴的。我会在你们没感觉到我离开之前就回来！也许还来得及参加聚会！”

“再见，爸爸！”安妮说着，她下嘴唇颤抖着。

“快点，教授。”司机渐渐不耐烦了，“上车，先生，我们要准时。”

埃里克转身，进入那辆锃亮的车里，司机仔细地为他关上车门。他坐在软皮的座位上，只有他的电脑为伴，车窗玻璃是黑色的，安

妮和苏珊看不到眼泪流过他的脸颊。

车子开在街上，大功率的发动机咕噜咕噜地叫着。他们在寂静中开到附近的飞机场——那里有一条私人跑道，每天只能起落几架飞机。进门时，司机和门卫说了几句话，汽车驶过大门，直接驶入停机坪。

在满月的明亮光辉下，一架飞机等在那里，小舷梯放下，埃里克出了汽车就直接上了飞机。当他坐在机舱时，他才发现自己是唯一的乘客。

几分钟之后，麦克风里响起机长的声音：“晚上好，贝利斯教授。我们非常荣幸今夜为你飞行。大约一个半小时，我们将降落在强子对撞机附近的机场。请系好安全带。”

随即小飞机加速离开，它轰鸣着平稳地上升，进入夜空，向可

能终结埃里克职业生涯的地方飞去。

尽管乔治一沾枕头就沉沉睡去，但他并没睡多久。他感觉好像只睡了几秒钟，就忽地从床上坐起来，冷汗在后背流淌。睡着的时候，他都在做梦。他梦见一群穿黑衣的人在一个遥远的星球上追逐弗雷迪，那个星球上的草是橘色的，而太阳是绿色的。那些人在他的噩梦中喊："抓住那只罪犯猪！"乔治想喊出来，让他们放过弗雷迪，但只能勉强地发出可怕的呱呱声。

乔治在睡房里醒来，突然一个可怕的念头在他脑海中闪现。如果埃里克没带 Cosmos 返回，那么他将永远不知弗雷迪的去向！埃里克还未告诉他弗雷迪的新家，因为他要查 Cosmos 才能知道，如果他们失去了 Cosmos，那也就意味着他们失去了弗雷迪。如果电

宇宙膨胀

天文学家埃德温·哈勃利用加利福尼亚威尔逊山 100 英寸的望远镜研究夜空。他发现一些星云——夜空中一些模糊的明亮的斑点——事实上是像我们银河系的星系（尽管这些星系的尺度有极大的变化范围），每个星系都包含数以万亿的恒星。他还发现了一个惊人的事实：其他星系似乎远离我们，他们离我们越远，其表观的速度越快。一瞬间，人类的宇宙变得更大更大。

宇宙正在膨胀，星系之间的距离随时间增加。宇宙可被看作一个气球的表面，上面画有代表星系的一些斑点。如果把气球吹胀，斑点或星系就会相互离开；它们离得越远，相互之间的距离就增加得更快。

红移

在太空中很热的物体，比如恒星，产生可见光，但随着宇宙的不断膨胀，这些遥远的恒星和它们的家园星系正从地球飞离。当光穿越太空向着我们旅行时，宇宙膨胀将它伸展开来——它行进得越远，就被伸展得越厉害。这种伸展使可见光显得更红——这被称为宇宙学红移。

脑将弗雷迪送到宇宙中最远的星球怎么办？那就意味着它离乔治越来越远……乔治再也见不到它了，那将是他的错，他最初就没照顾好他的猪。

乔治躺在床上，既为自己也为弗雷迪感到悲伤和抱歉。他想，如果有一些午夜松饼和牛奶或许能使他好受一些。他穿着睡衣溜下床，踮着脚，极轻地走下楼，他知道如果他惊醒那对婴儿，他父母会不高兴的。

但当他走了一半楼梯时，他听到响声，响声自黑暗中传来，一楼本应是空无一人的。乔治呆住了，不敢再向下走一步，但也不想回到楼上去。为了不引起注意，他仔细倾听，尽力捕捉每一点细微的响动。

就在他开始以为那很可能是自己的幻觉时，他又听到了响声。声音很小但很清晰——脚步，像他一样的蹑手蹑脚、小心翼翼。窗外圆月当空，将四周照得如同白昼，月光满溢入窗。他站在原地，恐惧地贴着墙，他看到一条长影经过楼梯，接着走向厨房。他听到后门开了又关上，好像猫爪子着地似的轻轻远去。

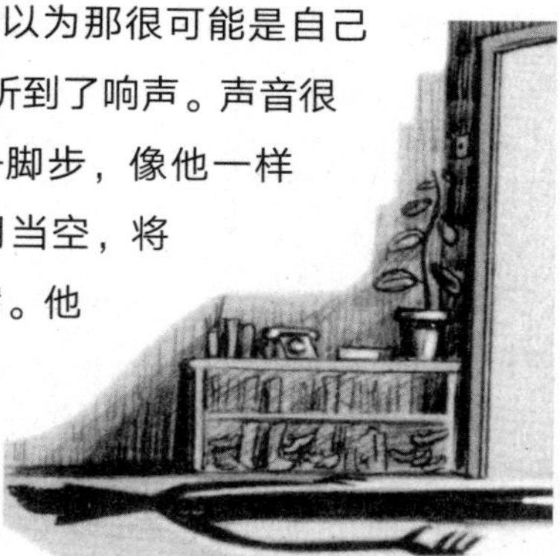

他尽力悄无声息地走上楼梯，从窗户望向院子。在他老朋友月亮的光照下，乔治看到一个长长的影子蹑手蹑脚地走向院子另一边，在那儿，他好似飘过黑色的篱笆，消失了。乔治听到自己的心

怦怦地跳得厉害，他甚至感到头晕。他跑进父母的卧室，摇醒他的父亲。

“呼噜！”他爸打着呼噜，翻了个身。

“爸！”乔治急促地低声喊着，“爸！醒醒！”

“咕噜噜。”特伦斯说着梦话，“禁止炸弹！解救鲸鱼！食用肉是杀人犯！”

乔治又摇了摇他。

“禁止鲸鱼！谋杀炸弹！解救食用肉！”特伦斯继续说着梦话，黛西轻轻地打着呼，枕头盖着她的头。

他终于醒来，“乔治！是妹妹吵吗？她们又该喂了？”

“爸，我看到有人！”乔治说，“有人在咱家房子里！我看到他们从花园里爬过篱笆。”

特伦斯不高兴地嘟囔着，重重地下了床。“如果在这里找到可偷的东西，真是好运气，”他自言自语道，“如果能找到任何东西，真是好运气啊。”但他下楼检查回来，就变得严肃起来，虽然他还是一脸睡意。

“后门开着，”他对乔治说，“我把它锁上了，很可能是只猫，你知道。回去睡觉吧，免得吵醒妹妹她们。”

就在此时，他们俩都听到了哭声，“哦，别这样。”特伦斯抱怨着，“这个来了……”哭声来自一张婴儿床，但另一个孩子的哭声也开始了。“又来了一个，乔治回去睡吧，明早见。”

第二天在学校里，乔治的头嗡嗡作响。他倒在课桌上，几乎抬不起眼皮。他爸爸决定不向警察局报告——因为没丢什么东西，特伦斯认定那是什么动物，可能是只猫，闻着味儿进入厨房找吃的。

乔治不同意：他听到的脚步声太重了，绝对不是猫，除非那是一只大如豹子的猫。那很可能是一个人。但他不打算和他爸爸争。他打了一个大哈欠。他想弄明白这一切，真是疲惫不堪啊！

“我们没让你打瞌睡吧？”乔治的新历史老师开玩笑地说。

“没有，先生。”乔治说。

“那么请你拿出课本来，翻到第 34 页。”

乔治在书包里乱翻着，找到课本。他翻到家庭作业要读的那一页，他昨晚在书中标注了，而那晚处于埃里克演讲的激动中，他早就把这忘了。

然而，有人却捷足先登。一张便条塞在那一页上，半折着，以熟悉的老式花体字写着他的名字。乔治的心沉了一下，他打开纸条，读起来：

> 乔治：
>
> 宇宙间的邪恶势力已经行动。我们的朋友埃里克处于危险之中，我们必须说出。别试图用任何方式联系我，我会来找你。
>
> 你的亲切的
>
> R 博士

乔治感觉脊背发冷。昨晚他的书包放在楼下，就放在起居间的桌上。这就意味着他昨晚看到的影子、听到的脚步声不是别人的，而是埃里克的老对手雷帕博士的。

乔治恐惧地想着，他为何来找我，不去找埃里克？

一问完这问题，他已经有了答案。埃里克不在——昨晚他就带着 Cosmos 走了。至于布奇，那个纳米超级电脑，也许古怪的雷帕博士想在埃里克家找到它，而它已经在乔治家的二楼了，雷帕博士又不敢在乔治家冒险。如果他打算拜访埃里克，那已经太晚了。因此他来找乔治。如果雷帕博士深夜蹑手蹑脚地在附近走来走去，那他一定有重要的事情通知埃里克。乔治知道埃里克需要去找雷帕博士，问他到底有什么事，但是埃里克会信任雷帕吗？

对这事，乔治知道，安妮可能会说：“绝对不会！”以前雷帕曾两次使他们在宇宙中深陷麻烦，但最后他变好了：当他们陷在一颗很远的卫星上无法返回地球时，他救了他们的命。一旦他们回到行星地球，雷帕发誓将抛却黑暗的过去，愿意和埃里克再做朋友，要像一个真正的科学家那样工作，再也不活在阴影中。

通过对书中便条的判断，似乎雷帕那里有能帮助埃里克的信息。乔治脑子里有一大堆问题，头一个问题就是到底怎样才能找到雷帕。

“如果我是一个发疯的前科学家，我该如何处世？”乔治想着，至少他认为他心里想着，但他却大声说了出来。

“我不知道发疯的前科学家会如何处世，”他的老师温和地回答道，“但如果我是乔治·格林比，我就立刻翻到第 34 页，准备回答老师写在黑板上的问题。”

所有的同学都偷偷在笑。“对不起，先生。”乔治说，其后半小时，他努力让自己的脑子回到课堂上，而不再集中在宇宙中的邪恶势力。

但他发现那几乎不可能。那个挥之不去的想法如此清晰，正如 Cosmos 以大写的红色字体在喊话：“埃里克正处于危险中。”

第十一章

放学后，回家之前，乔治骑车在狐桥镇上转着。他不太可能在街上碰到雷帕博士，但他也不知道还能做什么。后来他想起Cosmos 的狐桥地图。就是那个地下室！如果他能找到举行秘会的地下室，他就可能发现更多的 TOERAG 组织的信息。他只知道雷帕的便条与那个穿黑衣的组织有关。

当时雷帕在抗议队伍里吗？

试图与文森特说话的黑衣人是雷帕吗？

乔治骑得很快。他很熟悉狐桥，而且 Cosmos 的地图准确地标明了秘密地下室的位置。

当乔治到达那里时，他意识到这里曾经是埃里克的学院，是他和雷帕师从伟大的祖祖宾的地方，当然啦，就是这个地方，那时雷帕、祖祖宾和埃里克都同属一个学院社区。

祖祖宾，乔治想着，祖祖宾，为什么他似乎既无处不在，又无处存在？

埃里克学院的大门关闭并上了栓，但大木门中切出的小门仍开着，学生可以进出。乔治希望能穿过去，但却看到一副凶相的看门人守在那里。

“我要交给贝利斯教授一点东西。”乔治不知该说什么就撒了谎。

“把东西留在桌上。”门卫低声但很凶地说，他刚整理完身后亮绿草地里每一片草叶，又清理了沿草地边缘的金盏菊花瓣，扫了小路上每一块石头，擦亮了铜门环，他要做的最后一件事就是不让这个邋遢的学童弄乱他完美的庭院。“学院已经关门了。”

守门人站在那里，留着八字胡，盯着乔治，乔治别无选择，只能退出学院回家去。

乔治喝完下午茶就到隔壁去找安妮，但只有安妮的妈妈苏珊在家，她因昨晚的大变故看起来疲惫不堪。苏珊乱糟糟的头发，不般配的衣服，担忧的眼神，在一般情况下，这些都是乔治妈妈心情不好时的模样。

“安妮不在家，”她告诉乔治，“她和文森特去上柔道课了。他好

像是柔道黑带。”

当然，他是，乔治想，他应该是柔道黑带。

“我可以请你进来，”苏珊说，她看起来压力很大，“但我正全力准备周日聚会，因此我很忙。看，这窗子都破了——我们居然不知道，到处都是碎玻璃。”

乔治的心沉了一下，“那是昨天晚上发生的吗？”他问。不过他不打算告诉苏珊自己的家也被侵入，她看起来已经够焦虑的了。

“看来是昨晚发生的事。”她回答。乔治觉得她都快哭出来了。“我们没听到任何声音——也没有东西被偷，很怪啊。”

“埃里克不久就会回来吗？”他问，并试图让她高兴一点。

“我几乎没有他的消息。但是他说明晚举行那个重要的会议，”苏珊说，“他希望他们能把所有的事弄清楚，他能在后天早晨飞回来。我确信会没事的。我要去我姐姐那里，顺便接安妮，在那里住一晚上。我必须走了，乔治。我不能再耽搁了。”

说完，她关上后门，乔治听到锁门声，接着门闩咔嚓一声就拴上了。乔治叹口气，待在这儿没什么意思了，他还是回家去。

当他走进厨房时，他爸正把收音机调到新闻频道。

“宇宙能被大型强子对撞机泄漏出的毁灭泡泡吞噬吗？”播音员以轻松的语调说着，“那将是今晚人人都想问的大问题。”

“乔治，你知道什么消息吗？”特伦斯问道。

“嘘，”乔治说，“爸，你别说话，我要听一下！”新闻播报继续着。

“今天，一个‘万物理论抵制添加引力’反科学团体发表了具有戏剧性的宣言，宣称大型强子对撞机的新实验将是极端危险的！在这封给宇宙的公开信里，万物理论科学家们指出，因为实验可能产生小量的某种所谓真正的真空，实验是轻率的而且是不安全的。”

“根据万物理论的情报，我们在宇宙中的存在依赖于假真空，假真空会在即将启动的对撞机的高能实验中毁灭。万物理论估计，在 8 小时内，毁灭的泡泡就能把我们整个太阳系撕裂！今晚我们找不到对撞机小组的负责人埃里克 · 贝利斯教授对此事进行评论。然而，几分钟前，那些和他共事者的代表发表如下声明：‘对撞机是完全安全的，不必为科学进步而恐惧。’”

“现在播报其他新闻——”

特伦斯关掉收音机，“这是真的吗？”他忧郁地对乔治说，“埃里克的实验真的让我们濒临危险？”

真空

什么是真空，如何使用真空清洁器？

真空是多元真空。在大型强子对撞机的束道中的真空中所含气体分子和外太空的一些区域一样稀少。

真空意味着空间空虚到甚至连空气都没有。因此如果我们把房间的空气全部抽出，我们就创造了真空。

真空清洁器利用空气泵创造某种“要成的”真空，在你清洁房间时它有助于将所有的灰尘粒子扫净。但你不能用真空清洁器制造我们在这里谈论的这类真空。我们的实验需要强大得多的某种泵。

从房间中驱除所有空气粒子绝非易事。即便房间里完全没有原子也仍含有辐射：

- 由房间温墙发出的红外光子；
- 电视发射机发射来的射电光子；
- 大爆炸遗留的微波光子；
- 来自太空的飞驰而过的其他粒子（例如，太阳产生的中微子）；
- 它还包含暗物质！

如果我们能够将温墙降温以驱除辐射，情况又如何呢？那么房间将比星系际的太空更空虚！但它仍然含有某种称为“量子场”的东西。这些是光子、中微子、电子和其他粒子背后的东西。物理学家把最低能量状态称为真空态，而正是这个态——没有可观测的粒子的态——充满了我们想象的房间。

如果我们能更深入地观察，我们还能在时空和引力中看到被称为引力波的微小的涟漪。

因此，尽管我们会以为房间在空气分子被抽出去后已经完全空了，细看之下，真空实际上不停地在骚动！

真空

把能量注入真空态（物理学家讲激发它），粒子（和反粒子）出现。人们认为，真空是最低能态。也许存在其他许多具有同样低的能量的真空态——当它们被激发时会产生看起来熟悉的粒子。在早期宇宙中温度要高得多，空间也许在很短的时间里处于具有高能量的假真空态，其粒子在今天看来显得很奇异。随着温度下降，这个假真空会衰变成我们现在较低能量的真空。一个真的真空真的具有尽可能低的能量。

没有理由认为，在地球上的任何实验会把我们赶到不同的真空去！

“不是！”乔治喊起来，“当然不是！埃里克不是毁灭人类，而是要为人类造福！”

“那为啥收音机里这么说他呢？”

“我不知道，”乔治说，“有人想阻止他去发现，所以伪造了那个真的真空理论。我必须找到原因，我要帮助埃里克。”

“你需要做家庭作业，”他父亲严肃地说，“现在最好不要接触埃里克和他的家人，我不想让你搅进这件事里——你理解我的意思吗？乔治。如果有个能够说得通的解释，我们要听埃里克自己怎么说。直到我们听到他的解释之前，你不能参与进去。你能保证吗？”

“我保证。”乔治回答，虽然他不愿欺骗父亲，但他手指却在背后交叉着，那是希望幸运的手势。

第二天是星期六。清晨，乔治穿好衣服，四肢伸开，懒散地躺

在被子上。他正思忖着下一步该做什么，电话铃响了。他上中学之后，他父母总算让他有了手机。

“安妮！”再也没有比听到安妮的声音更让他高兴的事儿了。昨晚他发了好多短信去，还打电话给她，但她都没回答。

“你听到他们在新闻中怎么说我爸了吗？”她问道。

“嗯，听到了。”乔治小心翼翼地说，他想有一个如此知名的爸爸肯定很可怕。“他打电话给你了吗？”

“没有。”安妮抽着鼻子说。“他没发短信也没有电邮，没有任何联系。真的什么都没有。但是整个因特网，所有的人都在说他是危险的疯子，因为他要毁灭整个宇宙，必须停止实验。我所知道的是，妈妈说他今晚七点半，将和科学社团有个重要的会议，她希望开完会，他就会回来了。”

“我收到一个奇怪的纸条，”乔治供认道，“是雷帕博士写来的。”

“雷帕博士写来的？”安妮尖叫着，“那上面说什么？”

“他说你爸处于危险之中，宇宙间的邪恶势力已运作起来了。”

“那有什么用？”安妮喊道，“我们已经知道了！为什么他不能说点有助于改变现状的话？你和他讲话了吗？”

“没有，”乔治说，“他并没有给我，比如说电话号码什么的。只是一张纸条，是雷帕的风格，用老式花体字正式地写在纸上，好像是用沾着鲜血或其他什么的羽毛笔写出来似的。”

“真是非常非常的雷帕。”安妮闷闷地回应。

“我试图让布奇工作。”乔治继续说。

“你成功了？”

“没。”乔治望着布奇的笼子回答。

这超级电脑宠物鼠在稻草上跑来跑去，抽动着鼻子，它的小眼睛闪着蓝色的空虚的光芒，空洞洞的，毫无意义。仓鼠轮一直不停地转啊转啊，它这一回没有狂热地踩着仓鼠轮。“昨晚我甚至和艾米特联系上了，他使用远程连接，可他说他也不能搞定它。”艾米特是计算机天才，他住在美国，与安妮和乔治是朋友。

“老鼠！”安妮难过地说，“哦，仓鼠！如果那个大师级怪人都不能搞定它，我们就没

治了。"

"不过艾米特确实说了一点有关布奇的事儿，"乔治告诉安妮，"他想布奇踏轮是当它计算时保持 CPU 冷却的方式。当它活起来的时候，有个类似冷却器的东西往它脑子四周输送冷气。"

"所以布奇是活的？但是我们怎么让它开始工作？"安妮叹着气，"真令人沮丧！布奇为啥不帮我们？"

乔治还没回答，此时从仓鼠的笼子里爆出了尖锐高调的噪声。

"是婴儿哭了吗？"安妮问道。

"不是，"乔治慢慢地说，"我想是布奇。"

布奇用后腿站着，鼻子直指屋顶。它的小爪在空中狂野地乱抓，它又一次尖叫，那毛骨悚然的声音太响了，令人无法置信是一头小兽发出的。突然布奇的头摇摆起来，它的小老鼠眼盯着乔治，眼睛的颜色已从湛蓝变为闪耀的黄色。

"发生了什么？"安妮敏锐地问。

"布奇要发作了？"

布奇张开嘴，"乔治，"它说，那声音听起来好像铁钉刮黑板，"乔治。"

"谁在说话？"安妮在电话里惊叫着。

"布奇……"乔治低声说，他感到毛骨悚然。"刚才是布奇开口说话！"据他所知，直到几秒钟之前，布奇根本不像 Cosmos，它一直是台安静的电脑，它从未开口说过一个字。

但是布奇的声音听起来完全不像一只仓鼠，甚至不像一台电脑：它是人类的声音，而且是一个他们俩都非常熟悉的人的声音。

"雷帕！"安妮说，"布奇以雷帕博士的声音跟你讲话！"

“乔治，”布奇又说话了，这一次更清晰了，“你必须帮助我。”

“我该做什么？”乔治惊恐地问安妮。

“问明他到底要什么，”她催促着他，“但是别犯傻！记着他以前对咱们干了什么！”

“我怎么帮助你？”乔治问，他恐惧地意识到此时他正和一只电子仓鼠对话。

“你必须来见我，”布奇说，他的眼睛一闪一闪的。“你必须旅行到太空里找到我。我们需要谈谈。”

“雷帕，这是你吗？”

“还可能是别人吗？”仓鼠以雷帕的声音说着。

乔治勇敢地说：“上次我们见面时，你要把我们丢在离地球 41 光年之外的月状物上耗光氧气。那次之前，你曾试图把埃里克扔进黑洞。”

“我变了，”布奇简洁地说，“我要帮助你们。”

“我凭什么相信你？”

“你没必要相信我，但是如果你不来，我不得不说，埃里克就永远不能回家了……”

乔治突然想起弗雷迪，它被抛弃，并将永远孤独地生活在某个奇怪的地方，这些也在乔治脑子里飞快地过了一遍。

“为什么现在你不能告诉我？”乔治抓紧了小仓鼠，问道：“埃里克将会怎么样？”

“埃里克生死攸关……只有你能救他。乔治，只有你。来见我吧。布奇会把你带来。我没很多时间，你必须立刻动身。再见，乔治，太空见！”

“雷帕！”乔治对着仓鼠喊着。“雷帕，回来！”但是布奇的眼睛又变回蓝色，乔治意识到联络中断。

“他说了什么？”安妮在电话那头喊起来。

此刻布奇猛烈地抖动着，一个小丸从它毛茸茸的后背掉了出来。

“他说”——电话在乔治手里颤抖着——“我必须去太空见他。”

“但是，在哪里见？”安妮喊起来，“你必须在太空的什么地方见他？”

“他没说。他没告诉我去哪里，怎么到那里？”

“再试一下布奇吧！”安妮说。

乔治捡起仓鼠，温柔地按按那毛茸茸的小身子，看看那里是否有暗藏的开关。但仓鼠与过去一样毫无表情地凝视着他。

“我这就过来。”安妮说。

“不，不要过来！”乔治说，“现在还不是时候。”他捡起仓鼠从笼中丢到地板上的小丸。那是一张纸折叠的小球。乔治展开纸团，原来是写着数字的细长纸条儿，结尾是大写的“H”。“看来还有另一个信息……可能那个是目的地……”他慢慢地说着，记起雷帕曾经给埃里克的那封信，他要埃里克去访问那个遥远的行星，并提供了坐标。那一串数字使他记起雷帕标示行星位置的方式——但结果是那个行星并不存在，而雷帕实际是打算

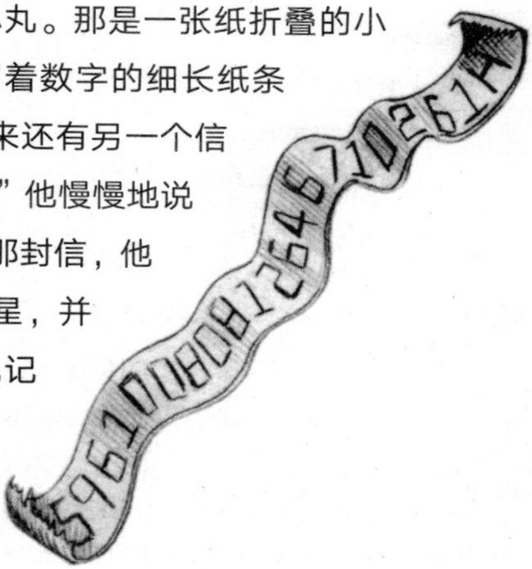

把埃里克送上通往巨型黑洞之路。“也许那就是我去见雷帕的地方……”

“但你怎么到那里去啊?”安妮问。“你怎么知道那里是安全的?也许你会掉进一个黑洞里!”

“我现在不能跟你说话了,”乔治说,他用肩膀和耳朵夹着听筒,跳下床,猛然打开纸箱,找到那件太空服,那是埃里克留给他的太空旅行的纪念品。

布奇再次兴奋起来,他的蓝眼睛慢慢变着颜色——那就是信号,乔治现在知道了,他要开始行动了。

“我过来,”安妮坚决地说,“我会非常迅速地到你那边,我拿出自行车了。在我到那边之前,你哪儿也不要去。”

“对不起,安妮,”乔治说,“我没时间等你了。”

布奇已经坐得笔直,他的眼睛开始闪着红光;又从那里射出两道细细的红线,红线穿过半个房间开始旋转,并形成明亮的光环,好像布奇的轮子那样嗖嗖地转着。

“乔治!”安妮对着话筒喊着,“别挂电话!”此刻乔治正奋力穿着太空服,“别独自去太空!”

为了能够不通过传输器,用平常的声音说话,乔治在戴上头盔之前对着话筒回喊道,“我别无选择!如果我现在不走,就不知道雷帕将透露什么!安妮,我必须走了……”

他把手机放在床上。在他面前,布奇射出的光圈已经扩大。通过光圈,他看到一条银色的通道,它通向另一边没有标志的远方。乔治戴上太空头盔,从氧气筒里深深地吸了一口气。透过声音传输器,他又听到了雷帕的声音。

“乔治，”他以刺耳的声音说道，“乔治，进入光通道。”

“你在哪儿？”乔治问，他努力表现出勇敢无畏。他并不无畏，他一生从未感到如此的恐惧。他的血好像凝固了，可是他能听到心在狂跳，那声音大到耳朵都快爆炸了。

“我在另一端，等着你。”雷帕说，“沿着通道，乔治，到我这里来。”

在以往的环游宇宙的旅行中，乔治走过 Cosmos 的通道时，通常能看到另一端，但此时只是一条闪光的银色隧道，而且还是弯曲的，根本看不到他将会被带到何处。

他在那边会发现什么？一个平行宇宙吗？时间的另一处？隧道弯曲是不是因为它必须遵守时空曲率，并引导至某个神秘的目的地，那里远离地球引力场？在另一端等待着他的是什么？只有一种方法才能知道。

“如果你要救埃里克，”雷帕小声说，“你必须继续这行程。只要迈步，乔治。隧道会把你带到我这里。”

“乔治！”床上的电话筒传来安妮的叫喊。幸亏头盔上装了外部麦克风，乔治仍然能听到周围的声音。“我也能清楚地听到雷帕的话！别去！”

乔治犹豫着。接着他的话筒里传来另一种声音。那是文森特。“乔治，哥儿们，”他说，“你别自己去！不安全。安妮告诉我有关门户和雷帕博士，你绝不要那么做。”

什么？乔治想，感到有些恼怒。文森特和安妮在安妮姨妈家干什么？他一直和安妮说话，那么文森特一直在听？文森特知道门户、Cosmos、雷帕博士？文森特知道他和安妮的所有秘密？那些他们曾忠实地发过誓绝不向任何人透露的秘密？如今，文森特，柔道冠军和滑雪板高手，安妮新的永远的挚友就是要告诉他应该怎么做吗？

文森特是不是认为他不能处理这件事？文森特以为他没有足够的勇气去救埃里克？那是他的导师和安妮的父亲啊。“我要让你看看，文森特。”乔治自言自语道，“我将去救你，埃里克，即使没有其他人要去。”

“再见，地球人。”他高傲地说，“我去太空了，可能会离开一

阵子。”

他向前踏进布奇的光轮，那道光迅速地将他吸入隧道，好像他在公园里被水滑梯带下去似的。乔治头部最先快速地进入银色隧道，他的手向前伸去，以这样的方式，他离开卧室，被抛到不可知的地方。

乔治没时间多想——通过那条模糊的光线，他以极快的速度行进着，去见他以前的死敌雷帕博士，去见识见识构成我们宇宙广袤时空的某个地方。

从那个已在他身后几个光年的地方，他听到安妮的叫声，犹如回音缭绕着他的宇宙头盔：“不不不……”

可是已经太晚了，乔治已经走了。

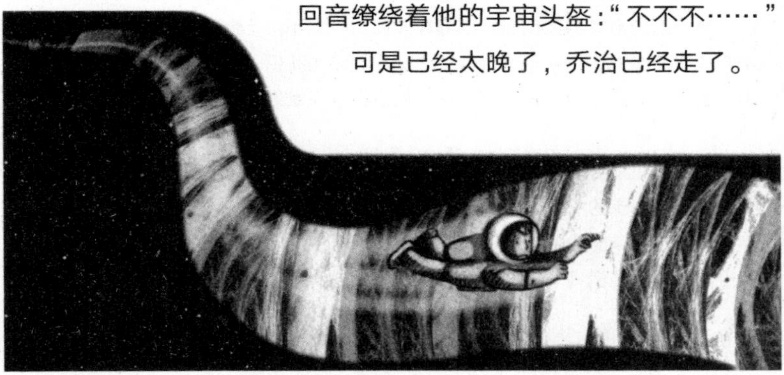

空间、时间和相对论

四维时空

当我们要到地球上的某个地方，通常我们只考虑两维——往北或往南多远，以及往东或往西多远。这就是我们利用地图的方法。我们一直使用两维方向。例如，对于驾车去任何地方，你只需要前进（或反向），或左（或右）转。这是因为地球表面是一个两维空间。

另外，飞机上的飞行员，没有被粘到地球表面上！飞机可上可下——这样除了可改变地球表面的位置，它也可以改变它的高度。在飞行员驾驶飞机时，“北”“东”或“上”依赖于飞机的位置。例如，“上”意味着从地球中心往外，这样，在澳大利亚上空就和在英国上空大不一样！

对于远离地球的飞船船长这同样成立。船长可以按他或她希望的任何方式选择 3 个参考方向——但必须始终有 3 个，因为我们、我们的地球、我们的太阳、我们的恒星和所有星系存在其中的空间是三维的。

当然，如果我们需要去参与某种事件，比如聚会、一次体育比赛，光知道它在哪里是不够的！我们还需要知道什么时候。因此，任何在宇宙中的历史事件需要 4 个距离或坐标：3 个空间和 1 个时间——为了完全描述宇宙和在其中发生的一切，我们得与四维时空打交道。

相对论

爱因斯坦的狭义相对论说，无论一个人运动得多快，对于他而言，自然的规律，尤其是光的速度，都将是相同的。不难理解，两个做相对运动的人，所认定的两个事件间的距离彼此不会相同。例如，在喷气飞机上同一点发生的两个事件，从地面上的观察者看来，可表现为两事件间喷气机飞行的距离。那么，如果两个做相对运动的人，试图用从飞机的尾部行进到它的头部的光脉冲来测量它的速度，他们认定的光从尾部发射点行进到头部接收点的距离会不相同。但由于速度是行驶距离除以行进时间，他们也会在发射和接收之间的时间间隔上——如果他们在光的速度上相同的话——不相同，正如爱因斯坦理论说的那样！

这表明，时间不可能是绝对的，像牛顿认为的那样：也就是说，不能对每个事件指定一个每个人都同意的时间。相反，每个人都会有他们自己的时间测量，两个正在做相对运动的人，对测量的时间不会相同。

这已经由环绕地球飞行的一个非常准确的原子钟得到验证。它返回时，它测量到略小于留在地球上的同一个地方的同类时钟的时间。这意味着，你可不断环绕世界飞行以延长你的生命！但是，这种影响是非常小的（每循环约 0.000 002 秒），还抵消不了吃那些飞机上的盒饭对你寿命的折损！

第十二章

乔治飞出隧道的另一端，沿着一片裸露岩石朝下滑去。他的视力仍然因银色隧道明亮旋转的光线而模糊。瞬间，他看到眼前的恒星，继而他抬起头，看到无数恒星，它们在他四周的黑暗天空中火焰般地发亮。

他仔细向上望去，他看到了另外一些东西。一只大黑靴子出现在他面前，然后是另一只。乔治翻过身，再向上看去，隐约看到一个穿黑色太空服的人影正逼近他，他的脸藏在太空头盔的墨镜里。那没有什么关系。乔治不需要看他的面孔就知道那是雷帕博士：那个不得志的科学家，那个精神不正常的人又一次在宇宙中发狂。

雷帕的身后是无垠宇宙，它是那么黑暗，他的身躯似乎与之浑然一体。他的身边只能看到裸露的灰色石头和巨大的陨石坑。乔治努力想坐起来，因为长途跋涉，他的手臂都僵了。

“你可以站起来。”雷帕

冷冷地说，“我选了一颗有足够质量的小行星，你不会漂走。”

乔治、安妮一起进行的第一次宇宙旅行中，当他在一颗彗星上着陆时，因为引力没有大到能将他们吸在天体的表面，所以他们必须把自己拴在一块类似土豆形状的岩冰上。相对于那颗主要由尘埃、冰和冻气体组成的彗星，这颗小行星要大一些，而且是由更密集的物质组成，其引力似乎能够牢牢地吸住乔治。

“我们在哪里？”他好奇地问，并摇摇晃晃地站立起来。

“难道没看到你能识别的东西吗？”雷帕问，“就是那颗悬在远方，蓝绿色的，等着你去解救的美丽的行星？”

乔治只能看到恒星。隧道口已经完全消失了，留下他和雷帕待在这个陌生的岩石之地，他无处可逃。

“你当然认不出来。”雷帕继续说，“如果我把你带入银河系，你不大会认出你自己的星系。但是你已经不在你居住的那个星系里，你比以前任何一次旅行都走得更远。”

“我们是在另一个宇宙吗？”乔治问，“那是一个虫洞吗？”

“不是，”雷帕说，“那是我更新的宇宙门户。以前那个通道太老派了，你不这么看吗？埃里克一直很传统。你不那么认为，是吧？他的理论颠覆了我们所知的宇宙的一切，但是说到设计宇宙门道，他是以他家的门为模型的。

“喏，这个，乔治，是仙女座。”

“另一个星系？”乔治惊叹道。

“我们的邻居。”雷帕确认道，他围绕着自己挥舞了一下手臂，“如果你愿意，这个银河系好似隔壁邻居。鉴于宇宙尺度，不妨这么看。注意到什么了吗？”

“星空看起来是一样的。”乔治慢慢地说，“这个小行星看起来像小行星。我想我们正绕着一颗恒星公转，所以我们在另一个太阳系。这和在银河系没太大差别。”

“确实如此，”雷帕同意，“非同寻常，对吧。近看，没有两块完全相同的岩石，也没有完全相同的行星、恒星、星系。太空中一些地方只有气体云和暗物质，但在另一些地方就有恒星、小行星和行星。真是种类繁多啊！现在我们在这里，距离地球 250 万光年之外，但看起来并没太大差别。这颗小行星可以处于我们自己的太阳系内；这些恒星可以处于我们自己的银河系内。这里的种种类似我们的星系，你想想这有什么含义，乔治？回答我的问题，然后我会告诉你为什么到这里来。”

“那意思是，”乔治边说，边想着埃里克的演讲，“位于每一处的每一物体都以同样的方式，由同样的物质，遵从同样的定律形成，但是时间之初的小起伏使每一物体与其他物体有些小区别。”

“很好！我很高兴得知我过去的一位学生至少从他所受的教育中受益。”

“为什么你带我到这里来？”乔治勇敢地说，“这次又是为了什么？”

“我不喜欢你说话的语调。”现在雷帕听起来更像乔治以前学校的老师了。

“我不喜欢被一只有声仓鼠弹射到太空里。”乔治顶了回去。

仙女座

仙女座星系（也称 M31）是靠近我们银河系最近的大型星系，而它们一起是我们本星系群中的最大的物体。本星系群至少由 40 个邻近的星系组成，它们以引力强烈地相互影响。

实际上，仙女座距离我们至少在 250 万光年之外，并不是离我们最近的星系（也许那个头衔应归于大犬座矮星系），但它是与我们银河系大小相当的离我们最近的星系。

现在估计，银河系拥有更多质量（包括暗物质），但仙女座拥有更多恒星。
和银河系一样，仙女座具有旋涡形状。
和银河系一样，仙女座在其中心拥有一颗超大质量的黑洞。
还和银河系一样，仙女座具有几个（至少 14 个）围绕着它公转的矮星系。

不像大多数星系，从仙女座接收的光被蓝移。这是因为宇宙的膨胀虽可使星系相互分离，但敌不过两个星系之间的引力吸引，而仙女座以大约每秒 300 千米的速度落向银河系。这两个星系大约会在 45 亿年后相撞并最终并合，或者它们可能相互错过。星系之间的碰撞并不稀罕——此刻小型的大犬座矮星系看起来正和银河系并合！

“当然，”雷帕急忙说，“我知道那有些唐突，但我又没有其他方式接触你。”

“真的吗？”乔治说，“你不是在那天晚上破门而入，给我留下一张字条？”

“是，是，是我干的。”雷帕说。他看上去非常紧张，完全不像以前的那个雷帕，那时的他对自己的邪恶力量自信满满。“我努力引起你的注意，我在你隔壁找不到埃里克，所以只好给你留纸条。”

“如果事情那么重要，为什么你不直接来和我谈？”

“因为我不能，”雷帕沮丧地说，“我哪里都去不了，什么事都不能做——我被困住了。自从那个晚上我从你家溜出来，他们就严密监视我。他们并不知道我去找了你，但他们知道我去了什么地方，这使他们产生了怀疑，这就是为什么我不得不与你在太空见面，这是我们可以放心谈话的唯一地方。我无论如何都不能用地球手段接触你，更不能联络埃里克。那会断送我要阻止他们的良机。”

“谁呀，谁监视你？”乔治问。

“他们，”雷帕说，“TOERAG，他们无处不在。”当他说话时，他看了看周围，似乎那些人会飘过仙女座这处未知地方的这颗小行星。“他们不可见，黑暗势力，就在我们的周围，到处都是。”

“我想你说的是那种暗物质，”乔治说，“已知宇宙大概有 23% 是由不可见的物质组成的。”

“乔治，你真说对了，”雷帕急切地说，“他们是人类中的暗物质。你看不到他们，但你知道他们对他们周围的宇宙起作用。”

这一次，他似乎是从心底说这些话——如果他真有一颗心。

“就是埃里克演讲时穿黑衣服的那帮人吧？”乔治追问。

空间的统一性

为了把广义相对论应用于宇宙整体，我们通常做一些假设：

空间中的每一处应以相同的方式行为（均匀性）

空间中的任一方向应显得相同（各向同性）

这导致一种宇宙的图像，它

在空间上一致

从大爆炸起始

并接着到处相同地膨胀

天文观测——我们通过在地面和空间的望远镜在太空看到的情形——强烈地支持这个图像。

然而宇宙在空间上不可能完全一致，因为这意味着诸如星系、恒星、太阳系、行星和人都不能存在。需要存在一致性背景上的小涟漪的模式才能解释最早的气体和暗物质团是如何开始坍缩，这样物理定律才能继续创生恒星和行星。

因为气体和暗物质从几乎一致开始，又因为我们相信同样的物理定律到处适用，我们预料所有星系都以相似方式形成。这样，遥远的星系应具有和我们在自己的银河系看到的相似类型的恒星、行星、小行星和彗星。

起始的小涟漪从何而来还没被完全理解。目前最好的理论是它们来自微观的量子骚动，后者为称作暴胀的快速的早期膨胀相所放大，暴胀发生在大爆炸后比一秒短暂得多的期间。

“那只是其中的几个，他们有很多人——他们是一个巨大的网络。示威时，我也在那里——我不能接近你，我试图想通过那个男孩子提醒你，但没成功。”

“我知道！”乔治说，“我知道那是你！可我不明白为什么？我也不懂 TOERAG 为什么那样做。如果埃里克发现万物理论，为什么就那么糟糕呢？为什么理解宇宙起源是件如此危险的事情呢？”

“对于你我而言，那是一大进步，而对 TOERAG 而言，那是恐怖的，极具伤害的打击。”

“因为真的真空？”乔治问，“那会怎样？”

“他们的头儿并不真信宇宙会在大型强子对撞机泄漏的毁灭泡沫中裂开，”雷帕告诉他，“那只是一个末日预言，他们用来吓唬老百姓好让更多的人加入他们的组织，这样他们的网络可以持续增大。他们害怕的是完全不同的东西。”

“比如说？”

小行星沿着自己的轨道向前，它绕着一颗非常明亮的年轻的恒星转动，这恒星比我们太阳大概年轻几十亿年。乔治看到，两块两百来米长的石块以核爆炸的能量猛然撞在一起。一片尘埃云向外展开。这个年轻太阳系里有许多类似的石块围绕着中间的恒星疾飞，这里是非常暴烈的地方。在这类撞击之后，行星最终会形成并清理掉四散的碎片，但此刻却是混沌危险之处。尽管如此，乔治想，似乎正如雷帕所言，几乎宇宙任何一处地方似乎都比现在的地球好一些。

“TOERAG 组织的头头确信，埃里克的实验最终会有另外的结果，”雷帕说，“一旦我们发现万物理论，他们相信科学家会以许多方法运用这一知识。比如他们想那将会生产出清洁便宜的再生能源。”

“但是谁不想要那样的能源啊？”乔治喊起来。

“我曾侵入他们秘密成员的档案，”雷帕解释道，“所以我是极少

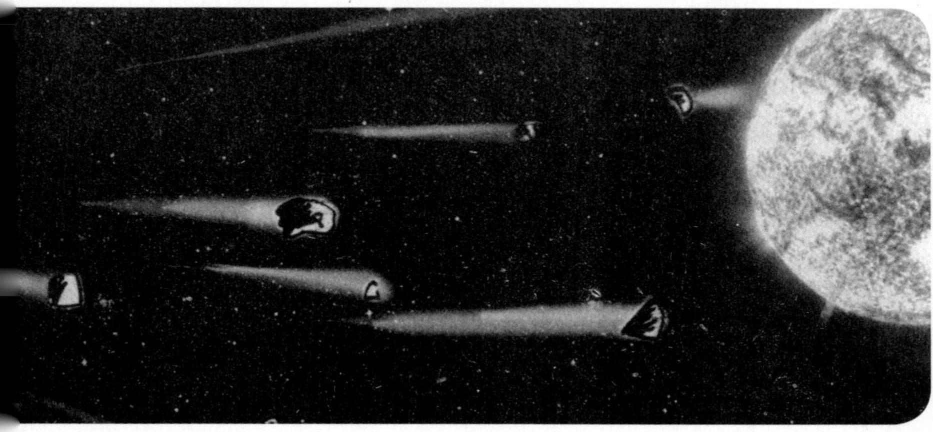

数真正知道谁是 TOERAG 头目的人之一。他们首先是大公司的人——就是那些更喜欢我们使用煤炭、石油、天然气或核能的公司，而不喜欢再生能源。他们认为总有一天，LHC 的实验会提供生产清洁便宜的能源的线索，但那却不是他们想要的。”

“哼！”乔治说，“你的意思是那些用温室气体污染海洋、毒化大气的人们？”他想到从事环保活动的父母，他们竭尽全力去保护地球。他们只是正常的普通的好人，希望做点事使未来的地球与现在不同。面对那些强有力的对手，他们胜算的可能性有多大？

“还不仅是他们，”雷帕提醒道，“在 TOERAG 组织内，也有一些团体认为一旦我们发现统一四种力的理论，那将会消灭战争。他们想，我们将会理解其实我们所有的人都一样，同样都是人类的一部分。这可以让我们增加对地球上的问题的认识，结束资源竞争，并且使富国愿意帮助穷国。”

“难道他们不要和平吗？”乔治有点困惑。

“是的，”雷帕简短地回答，“他们靠卖武器赚了很多钱，人们用那些武器自相残杀。他们宁愿我们继续打仗。”

“那组织还有其他什么人吗？”乔治问。

“嗯，还有一些占星家，他们认为一旦埃里克或其他科学家能够解释一切，他们就没什么用了。他们将不能靠在因特网上预测你的好运来赚钱了。还有电视里的福音传道人，他们害怕一旦埃里克成功之后，他们就没人可拯救了。另一个参加的团体是因为恐惧——恐惧科学，恐惧科学在未来要做的。那里面甚至有一些科学家。”

“科学家？”乔治吃惊地说，“他们为什么加入 TOERAG？”

“嗯，最初有我，”雷帕说，“当时我并未真正加入——我要渗透

进去侦探 TOERAG。我先是听说了这个反科学的秘密组织，于是想知道更多，我就成为他们的一个成员，代号是艾萨克，就是以最伟大的科学家艾萨克·牛顿命名的。为了使他们接纳我，我骗他们说埃里克和我还是不共戴天的仇敌。没人知道我们之间已经讲和了，所以他们相信了，让我加入了。”

“埃里克知道你是 TOERAG 的成员吗？”乔治问。

“不知道，”雷帕答道，“我希望他知道。我原打算和他谈谈那些人的计划，但我意识到如果我直接与他接触，将置他于更危险的境地。”

“那组织里的其他科学家呢？”

“那比较困难，”雷帕说，“我们从未被允许相互接触。我们是分头行事，从来没有碰到过。”

“你的工作是什么？”

“我的工作，”此时雷帕的语调流露出一丝骄傲，“是制作炸弹，一个真正的爆炸力强大的智能炸弹。他们要我做一个根本无法拆除引信的炸弹。大多数炸弹可以通过切断电线来拆解。TOERAG 要做一个炸弹，即使它的引信被剪断，或者知道密码，也无法阻止爆炸。他们说，”雷帕急速地说下去，“它还只是一个样品，只为实验目的而用。”

“你没真正做成吧？”乔治问，“我的意思是你没有真的做一个能够爆炸的炸弹，并将它交给那个反科学的秘密组织吧？”

“当然，我做了，”雷帕说，似乎听起来令人吃惊，“我怎能做一个不能运作的东西？”

“真傻，那很容易啊！”乔治说，“那它不能炸任何东西了。问题解决了！”

“但我是科学家啊！”雷帕申诉道，“我不能做不运作的东西！我必须做得正确啊——否则我就不是科学家了！那将会……”他的声音变小了。

“你最好给我讲解那个炸弹。”乔治尽力保持耐心。

“好吧，”雷帕说，显然有些热情了，“那真的很棒！它可以炸毁任何东西——我的意思是任何东西！”

“是，我知道了。”乔治说，“你继续说。”

“对不起，对不起！”雷帕说，“好吧，我设计了一个有 8 个开关的炸弹。你从数字键盘输入一个数码激活 8 个开关，然后当你一起按 8 个开关，它就产生 8 种态的叠加，一旦这 8 个开关都被接通，就进入自动计时。”

“那到底什么是智能炸弹？”乔治问。

“因为这是一个量子力学炸弹”，雷帕的声音听起来有点像在吹牛，“它在雷管里产生一个不同选择的量子叠加，那就意味着任何人想靠切断其中一根电线或者按其中一个开关以拆除引信都会把自己和他人炸掉。那就是关键—— 他们要一个不能拆解的炸弹，以免万一 TOERAG 里有叛徒的话。”

“我不明白。”乔治说。

“这炸弹的装备方式就是没有一个开关能关闭它；它处于 8 个不同可能开关的量子叠加态。直到有人按某个开关试图停止引爆，而

电路将核实是否正确，引爆装置才‘决定’哪个开关将会实际上被用到。在这时刻，波函数随机地坍缩到 8 种可能选择之一。即使你一起按所有的 8 个开关，炸弹非常可能立即引爆。我的意思是——无论你对它做什么，它都将爆炸。”

“你为什么要这样做？”乔治严厉地问。

“我要让人们知道我多聪明，”雷帕不快地说，“他们说那只是个实验，当时我并不知道他们真要使用这个恶劣的东西。”

“不能阻止引爆的量子力学炸弹目前在什么地方？”

“嗯，我不知道！”雷帕说，听起来有点恐慌，“问题是，它已经不在了。”

“它去了哪里？”

“他们把它带走了。从我黑入他们电脑得到的信息来看，似乎他们真的要用它了，埃里克现在在哪里？”

“他在大型强子对撞机……”当真正可怕的情况越来越清楚时，乔治一字一字地说着，“他正和人类福祉科学社团开会。社团的每一个正式成员都在那里，他们都被召到那里去了。”

“完了！”雷帕喊起来，“那就是他们用炸弹的地方！他们要用那个炸弹毁掉对撞机，不仅是埃里克，还有世界上所有最顶尖的物理学家！”

“但是，但是他们怎会知道科学社团在那里开会?”乔治上气不接下气地说。

“很久以来，我就怀疑社团里有内奸，”雷帕回答，现在他语速快了起来，“TOERAG 的科学家中肯定有一个人也是社团的成员。他或者她肯定已经背叛社团投向了 TOERAG。”

“那人确实不是你吗？”乔治激烈地说道。

“我连社团成员都不是，”雷帕悲伤地说，“因此肯定不是我。很多年前，我就被除名了，而且不让我再加入。那里有个什么人，是个非常危险的人。”

“那你为什么现在要帮埃里克？”乔治不解。

“乔治，”雷帕说，“我知道你对我评价不高。但相信我，我最爱的是科学。我不会对那些白痴因贪婪或偏见毁掉几个世纪的科学研究成果而袖手旁观的，我之所以加入 TOERAG 就是为了阻止他们。

粒子碰撞

如果没有力，那么在诸如大型强子对撞机的机器中，碰撞的粒子，出来的和进去的一样多。力使基本粒子在碰撞中因发射称为规范玻色子的特殊的携带力的粒子而相互影响（甚至改变成不同的粒子）！

物理学家可以利用费恩曼图代表一个碰撞。这种图显示粒子相互散射开的可能方式。一幅费恩曼图是描述这样一种碰撞的一个部分，为了完整地描述一次单独碰撞需要把许多图叠加起来。

这里是最简单的类型，两个电子靠近，交换单个光子，然后继续前进。时间从左至右，波线是光子，而粗线表示电子（标“e”)。这图包括了光子从上到下或从下往上（这就是垂直画波线的缘由）行进的所有情形。

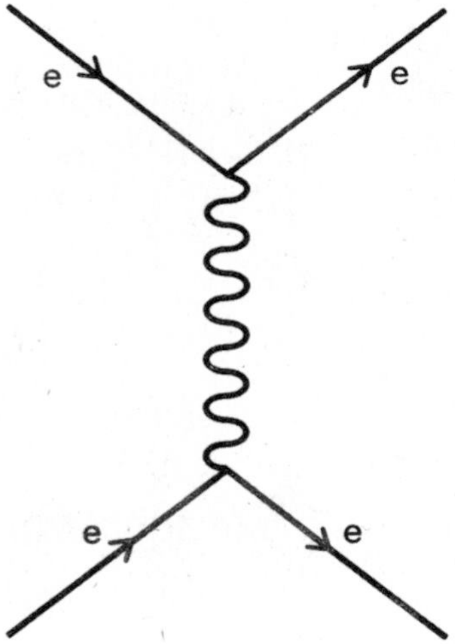

粒子碰撞

更复杂的过程在更复杂的费恩曼图中有多于一个的虚粒子。例如，这张图具有两个虚光子和两个虚电子：

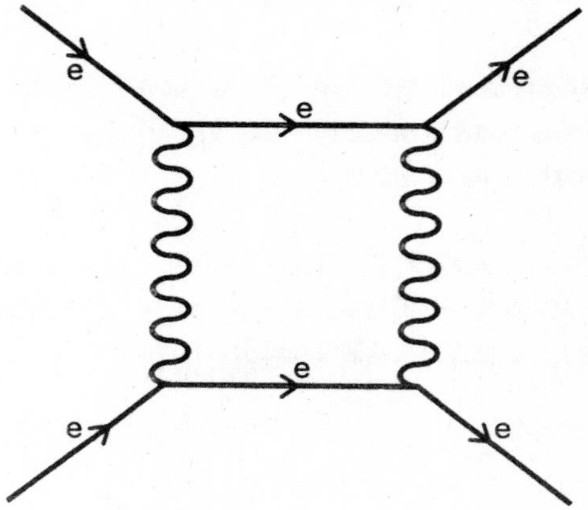

完全描述每种粒子的反应需要无限多的图，不过谢天谢地，科学家仅用几张简单的图经常也能得到非常好的近似。这里的图能表示也许发生在大型强子对撞机质子碰撞时的情形！字母“u”“d”和“b”是夸克；而“g”表示胶子。

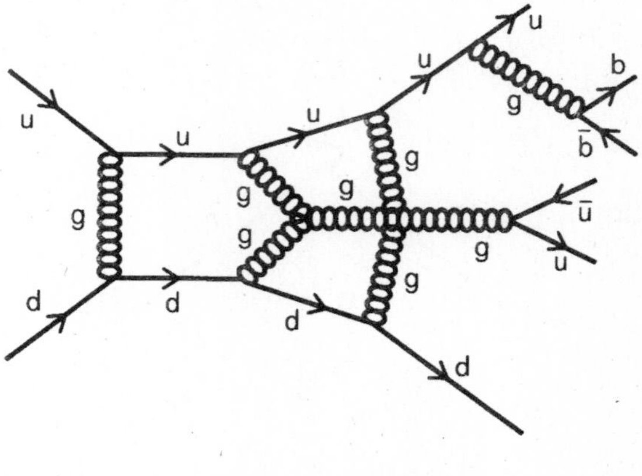

这就是我待在这里的原因。”

乔治飞快地思考着。雷帕说的是真话吗？如果是，那或许是他头一次没有心怀鬼胎想毁灭埃里克。他又看了看雷帕……然而当乔治全神贯注地注视着雷帕时，问题发生了，他似乎在逐渐消退，逐渐消失在仙女座四周的黑暗中。

“乔治，”雷帕急促地说，“我们余下的时间比我以为的更短。”

“你怎么了？”

“这不是我的真身。”雷帕此时语速极快。乔治已经看不到他的外形了——只能看到他发亮的头盔和靴子反射出的小三角形星光。“我是电脑做的变身。这是我见你的唯一方式。当我找不到布奇、埃里克和 Cosmos 时，我只能私闯你家，在楼下悄悄重设了电脑通信路径，通过那个路径，我得以使用布奇把我自己送到这里，然后远程开启门户去传送你。”

“为什么你不变身直奔超级对撞机去告诉他们？”乔治喊道，“为什么要我去？”

“我不能去超级对撞机！”雷帕说，他的嗓音正在失真，“我不可能从他们那里再次逃出来。”

“那个量子炸弹怎么办呢？”乔治喊着。

“有个办法！我不是彻底的笨蛋！我做了一个观测！布奇已经把密码送给你了……”

“什么！我怎样用布奇的密码？我怎样拆解炸弹？”

然而乔治通过语音传感器收到的回应只是微弱的耳语：“乔治……”

与此同时，乔治周围的宇宙沉默了。在他的前面，雷帕曾经站过的地方，银色的隧道再次开启，把他拉入光的河流。

他以无法想象的速度穿越宇宙，他转弯，扭动，从几百亿亿英里远的仙女座回到我们自己的由物质和暗物质构成的银河系。暗物质围绕着我们，但我们看不见，感知不到也听不到的神秘的暗的东西。当他旅行时，他突然想到——我去过黑暗的那面，他自言自语，我进入过这种黑暗。

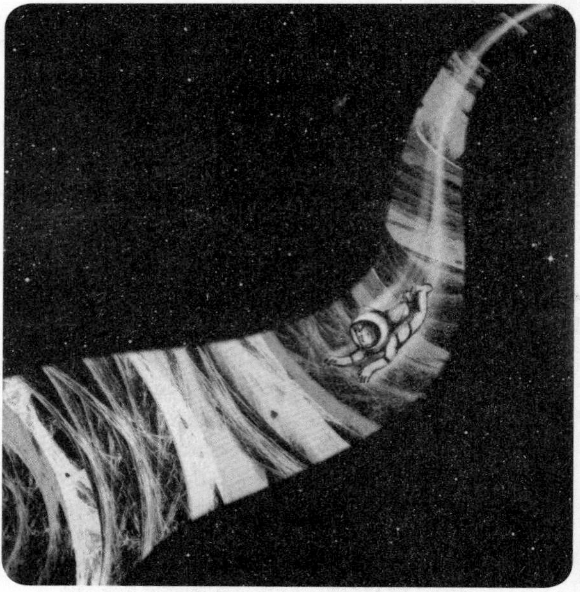

最新科学理论

宇宙的黑暗面

我们能问的最简单的一个问题是：世界是由什么构成的？

很久以前，希腊人德谟克里特假定，任何东西都是由看不见的他称为原子的构件组成。他是正确的——过去的 2000 多年来我们为之补充了许多细节。

我们日常世界中的所有东西都由 92 种不同类型的原子：周期表中的元素——氢、氦、锂、铍、硼、碳、氮、氧一直到 92 号元素铀组合构成。植物、动物、岩石、矿物，我们呼吸的空气以及地球上的一切都是由这 92 种构件组成。我们还知道，我们的太阳，以及太阳系中的其他行星，还有遥远得多的其他恒星也由同样的 92 种化学元素构成。我们对原子理解得很好，并且是将其重组成所有各种东西的好手，包括我喜欢的炸薯条！整个化学科学就是用原子建构不同的东西，是一个"原子的乐高积木"。

今天，我们知道除了我们的太阳系，还存在一大堆东西——难以置信的巨大的宇宙，亿万个星系，每一星系又由亿万个恒星和行星组成。那么宇宙是由什么构成的呢？令人惊讶的是——我们的太阳系和其他恒星以及行星是由原子构成的，但宇宙中的大多数东西并非如此；它是由非常奇怪的东西构成——那是暗物质和暗能量，我们对它们的理解还不及对原子清楚。

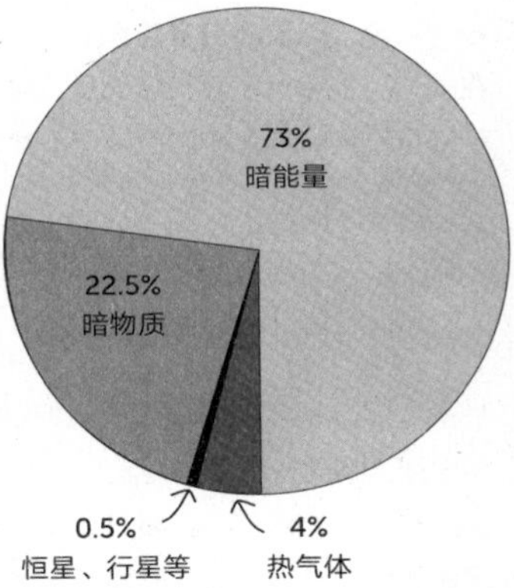

首先看一下数字：在整个宇宙，原子占 4.5%，暗物质占 22.5%，而暗能量却占 73%。这些原子中只有大约十分之一处于恒星、行星和生物的形式，而其余的在气态中存在，因为太热不能构造恒星和行星。

最新科学理论

让我们从暗物质开始。我们何以知道它存在呢？而我们在地球上，甚至在太阳上都找不到其踪影，这究竟是怎么回事？

我们之所以知道其存在，是因为它的引力将我们星系、仙女座星系以及宇宙中的所有其他大结构绑在一起。仙女座星系（以及所有其他星系）的可见部分处于一个巨大（大10倍）的暗物质球（天文学家称之为暗物质晕）的中央。若无暗物质的引力，大多数恒星、太阳系以及星系中的其余的任何东西都会飞到太空，那是非常糟糕的。

此刻，我们还不能准确地知道，暗物质由什么构成（和德谟克里特无异，他拥有原子的思想，但不知道细节）。然而，如下是我们确知的。

暗物质粒子不由构成原子的构件（质子、中子和电子）组成；它是物质的新形式！不要太惊讶——我们为了认清所有不同种类的原子花费了近两百年，在此过程中发现了原子物质的许多新形式。

因为暗物质不由构成原子的相同构件组成，它对原子相当不在乎（反之亦然）。此外，暗物质粒子对其他暗物质粒子也不在乎。物理学家会说，暗物质粒子和原子以及和自身的作用，如果存在的话，也是很微弱的。由于这个事实，在我们星系和其他星系形成时，暗物质留在非常大的弥散的暗物质晕中，而原子相互碰撞并沉入暗晕的中心，终于形成几乎完全由原子构成的恒星和行星。

暗物质粒子的“隐蔽性”是恒星、行星和我们由原子而非由暗物质构成的缘由。

尽管如此，暗物质粒子仍然在我们四周徘徊——任何时刻在平均大小的茶杯中都大约有一个暗物质粒子。而这是检测这个大胆想法的关键。暗物质粒子是隐蔽的，但偶尔可在极其敏感的粒子探测器留下蛛丝马迹。由于这个原因，物理学家建造了大型探测器并将其置于地下（以免接受轰击地球表面的宇宙射线），看看暗物质粒子是否真的组成我们的晕。

更令人兴奋的是，在粒子加速器上，人们根据爱因斯坦的著名公式 $E=mc^2$，将能量转变为质量来创生新的暗物质粒子。

瑞士日内瓦的大型强子对撞机，这台有史以来最强大的粒子加速器正试图创生并检测暗物质粒子。

而在太空的卫星正寻找当光晕中的暗物质粒子偶尔碰撞并产生普通物质时产生的原子碎片（粒子加速器要做的是它相反的过程）。

如果这些方法之一或更多成功——我希望至少一个能成功——我们就能确认，除原子外某种东西组成宇宙中的大部分物质。哇！

现在我们准备谈谈整个科学最大的谜：暗能量。这个难题这么大，我确信要等很久你们中的某位才会解决它。解决它甚至可能推翻爱因斯坦的引力理论——广义相对论！

我们都知道，宇宙正在膨胀，其尺度在大爆炸后的过去膨胀了 137 亿年。自从埃德温·哈勃 80 多年前发现了宇宙在膨胀，天文学家就一直试图测量由于引力引起的膨胀变慢。引力是将我们困在地球上，也是使所有的行星围绕太阳公转的力，而且一般而言是自然的宇宙胶。引力是一个吸引力——它把东西拉到一起，使从地球上发射的球或火箭慢下来——这样，由于任何东西吸引所有其他的东西，宇宙膨胀也应当变慢下来。

1998 年，天文学家发现，这个简单，但非常符合逻辑的想法可能是大错特错了；他们发现，宇宙的膨胀不但没有变慢，而且在加快。（他们通过使用望远镜的时间机器方面的功能做到这点：因为光需要花时间穿过宇宙到达我们，当我们看远处的物体时，我们是看到很久以前的它们的样子。他们利用强大的望远镜——包括哈勃空间望远镜——能够确定宇宙很久以前膨胀得较慢。）

这怎么可能呢？根据爱因斯坦的理论，一些东西——甚至比暗物质更怪异的东西——具有排斥的引力（“排斥的引力”意味着把东西推开而非拉到一起的引力，这是很奇怪的事物），它被称为“暗能量”，可能是和量子虚无的能量一样简单或者和额外的时空维度影响一样怪异的东西！或有可能根本就没有暗能量，而我们需要用某种更好的东西取代爱因斯坦的广义相对论。

使暗能量成为如此重要的一个难题的部分原因是如下事实，即它掌握宇宙的命运。目前，暗能量正在踩油门，而宇宙正在加速，这意味着它将永远膨胀，太空将在大约一千亿年后重返黑暗。

因为我们不理解暗能量，所以不排除以下可能性：在未来某个时间它将刹车，也许甚至使宇宙坍缩。

这些都是对未来的科学家——也许就是你——探索和理解的挑战！

迈克尔

第十三章

在 LHC 的主控制室里，埃里克正站在监控电视的屏幕前。那个屏幕正展示着 ATLAS，ATLAS 位于它所在的洞穴 100 米以下，它是大型强子对撞机里庞大的检测器群中的一个。ATLAS 是有史以来同类中最大的，是一个让创造出它的人类都显得似侏儒般渺小的工程学庞然大物。一英里长的隧道里装备了加速器以及巨大的人造洞穴。洞穴里放置了 ATLAS 和其他的检测器，这里所有的门都被封闭了，不容许任何人进入。LHC 运行时是不容许任何人在这个地下设施区的。

根据官方的日程安排，距离伟大的实验开始还有几周时间，届时一些政要会到此来按动红色按钮。那就意味着现在是在试运行，此阶段是科学家为真正实验考虑和解决任何问题的最后时段。然而，一切是那么正常，试运行与真正的实验没有什么区别。现在质子束已经向反方向以每秒 11000 次绕行隧道，每秒碰撞 6 亿次，而 ATLAS 正在记录着对撞数据。

对埃里克来说，虽然伟大的实验进行顺利本应是快乐之源，但这却是个孤独而奇怪的时刻。他的同事、朋友同情他，却与他保持距离。直到科学社团能够洗清他的名声之前，埃里克是有争议性的人物，人们还是礼貌地避开。

比同事疏远更糟糕的是，埃里克意识到他开始与尖端研究分离。正在准备的这一轮实验是有史以来最强大的实验，可能会解答物理中的伟大的问题。但埃里克突然意识到，如果此次会议是反对

大型强子对撞机（LHC）

欧洲核子研究中心

CERN——正式名称为欧洲核子研究中心——是位于法国和瑞士边界的国际粒子物理实验室。

1990 年 CERN 科学家蒂姆·伯纳斯－李发明了万维网，作为让粒子物理学家容易共享信息的一种方式——现在它成为很多人的日常工具！

创建于 1954 年，CERN 开动对撞机迄今已超过 50 年，这是作为基本粒子研究的一部分。

1983 年，超级质子同步加速器（SPS）使质子和反质子（质子的反物质版本）对撞而发现了携带弱核力的 W 和 Z 粒子。SPS 建造在周长 7 千米的圆形隧道里，负责向 LHC 注入质子。

1988 年，经过 3 年挖掘，完成了新的 27 千米周长的位于地下 100 米的圆形隧道，用以安装大型电子反电子对撞机（LEP）。LEP 可使电子和反电子（电子的反物质版本）对撞。

1998 年，开始挖掘 LHC 的探测器洞。2000 年 11 月 LEP 被关闭，让位于同一隧道中的这台新的对撞机。

2008 年 9 月 LHC 首次完全开启。

LHC

这是世界上最大的粒子加速器。

两束管道通过 LHC 的 27 千米的圆形隧道，每一管道携带一束质子，这两束在相反方向飞行。就像一道巨大的电磁跑道！

在管道内部，几乎所有空气都被抽尽，创造出一个类似于外太空的真空，

大型强子对撞机（LHC）

这样质子行进时就不会撞到空气分子。

因为隧道是弯曲的，1200 多个强大的围绕着隧道的磁铁弯折质子的行程，使之不打到管壁上。磁铁是超导的，这意味着它们能产生非常巨大的磁场而只损失很小的能量。这需要将它们用液氦冷却到 −271 摄氏度——比外太空还冷！

全力运行时，质子行进的速度快过光速的 99.99%，每个质子每秒在环内循环 11245 圈。每秒在质子之间发生 6 亿次的迎头对撞。

除了质子，LHC 还设计用来对撞铅离子（铅原子核）。

网络

LHC 探测器每次对撞大约产生 1MB 的数据，即便对于最现代的存储设备都是相当多的数据。电脑只收集最有意思的对撞事件进行计算——其余超过 99% 的数据都被抛弃。

LHC 的核心是地球上最无生命的地方！LHC 总共大约有 9300 块磁铁。

即便如此，预料一年内 LHC 最有意思的对撞数据也有 1500 万 GB（这将充满 75000 台具有 200GB 硬盘的手提电脑）。这引起了庞大的储存和处理问题，尤其是需要这些数据的科学家分布于全球。

不过，可以将这些数据快速地通过互联网送到其他国家的电脑储存和处理，只要这些电脑与 CERN 电脑一起形成全球 LHC 计算网络。

大型强子对撞机（LHC）

探测器

LHC 拥有 4 个主要探测器，位于围绕隧道圆周不同点的地洞里。利用特殊的磁铁使两束粒子在探测洞所在的沿着环的所有 4 处相撞。

ATLAS 是有史以来最大的粒子探测器。它长 46 米，宽 25 米，高 25 米，并且重 7000 吨。它可跟踪粒子的飞行并记录其能量从而确定在高能碰撞中所产生粒子的性质。

CMS（紧凑型 μ 子螺线管）运用不同的设计来研究和 ATLAS 相似的过程（拥有两个不同的探测器设计有助于确认任何发现）。它长 21 米，宽 15 米，高 15 米，但比 ATLAS 重，达到 14000 吨。

ALICE（大型离子对撞机实验）特地设计来搜索由铅离子产生的夸克等离子体。人们相信，这种离子存在于宇宙大爆炸之后不久。ALICE 长 26 米，宽 16 米，高 16 米，大约重 10000 吨。

LHCb（大型强子对撞机–美）——该实验装置名字中的“美”是指设计该装置是用来研究美夸克，或 b 夸克的。其目的是澄清物质和反物质的差别。它长 21 米，宽 13 米，高 10 米，重 5600 吨。

大型强子对撞机（LHC）

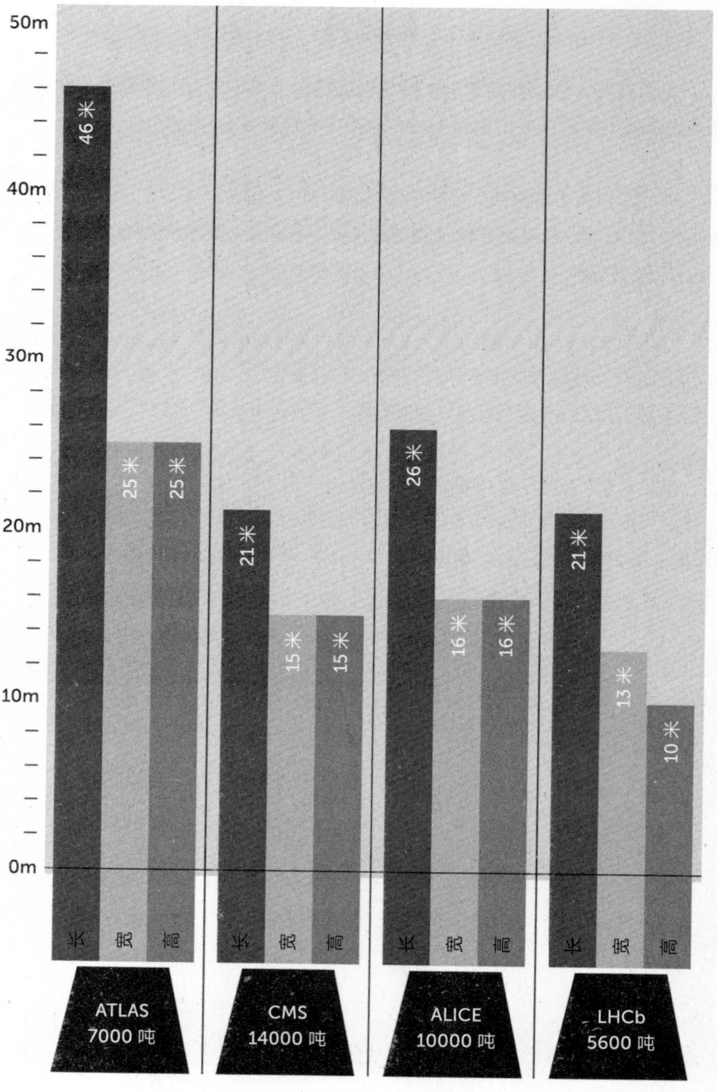
50m
40m
30m
20m
10m
0m
46米
25米
25米
21米
15米
15米
26米
16米
16米
21米
13米
10米
长
宽
高
ATLAS
7000吨
CMS
14000吨
ALICE
10000吨
LHCb
5600吨

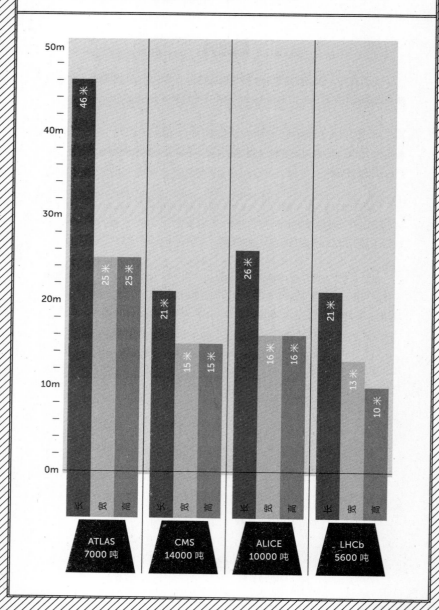

新发现？

粒子物理标准模型描述基本力，传输这些力的粒子，以及三代物质粒子。但是——

宇宙只有 4.5% 由我们知道的物质类型构成。其余的成分（暗物质和暗能量）是什么呢？

基本粒子为什么具有质量？希格斯玻色子——由标准模型预言的，但从未观测到的粒子——可以对此解释。LHC 有望首次看到希格斯子 *。

为什么宇宙拥有的物质比反物质要多得多？

就在大爆炸后的短暂时刻，夸克和胶子如此之热，它们还不能结合形成质子和中子——宇宙充满了称为夸克-胶子等离子体的物质的奇怪的态。LHC 将重新创造这种等离子体，而安排 ALICE 实验去检测并研究它。科学家希望用这种方法更深入了解强核力和宇宙的发展。

新理论试图将引力（以及空间和时间）纳入已经描述其他力和亚原子粒子的同一量子理论中。其中的一些理念提示可能存在比人们熟知的时空四维更多的维度。LHC 中的对撞能让我们看到这些“额外维”，如果它们存在的话！

* 2013 年，CERN 宣布发现了希格斯子。

他的，那么他将会被开除出人类福祉科学社团，他必须立刻离去；他可能不能在此见证自大爆炸之后的科学的最重要的时刻了。无论这次实验的结果是什么，埃里克意识到他有可能被禁止阅读数据。在他重新被认可为可信赖和负责任的同事之前，他仍然是在科学世界的边缘孤独地做一个被怀疑的对象。他自问，那不正是很多年前他对雷帕的所为吗？当雷帕发现自己遭到所有的同仁谩骂和排斥时，他会感觉如何？当他想到他未来要远离他最爱的研究无奈度日时，埃里克陷入沮丧。

他的呼叫机突然响了。

“今晚 19：30 在地下启动室举行会议”，字体闪烁着。埃里克喘了口粗气，那将决定他的命运。

此时埃里克已经等了一会儿。所有成员到达的时间超出了预估。埃里克甚至不能以 Cosmos 为伴，当他走出小飞机，一踏上瑞士的停机坪时，他们就没收了那台超级电脑。林博士，就是那位看到埃里克和乔治在月球上的中国科学家那时正等候在停机坪上。

“对不起，埃里克，”林博士说，看起来有点尴尬，在那个倾盆大雨的黑夜里，他甚至无法直视埃里克的眼睛，“你必须立刻交出 Cosmos。”

“它将受到怎样的处置？”埃里克问。

“它会经过 Grid 的询问。”林博士说，“Grid 还将审视它由你监管后的所有活动。”

埃里克的脑海里浮现出弗雷迪的形象。他琢磨着那个用于分析大型对撞机的计算机网络庞然大物 Grid，将了解 Cosmos 和埃里克将一头猪从农场运送至宁静的乡村田园，它还将了解他和乔治近期

的月球之旅——更不必说他的几次宇宙旅行不是带了一个，而是带了两个孩子。

Grid 是世界上最强大的电脑之一，但它与 Cosmos 不同。Cosmos 具有 Grid 完全没有的功能：Cosmos 具有同情心，同情心使它具有创造能力，并使之成为世界上最具有智能的电脑。尽管 Grid 有如此名声，但它却不能越过自己僵硬死板的戒律，也不能依靠直觉取得不同的信息之间的关联。在一次连续的竞赛中，埃里克知道小小的聪明的 Cosmos 每次都会赢过巨大的对手。尽管如此，当埃里克看到他那个银色的“小朋友”被带去经受那样的挑战，他还是感到悲伤。

当他等候在主控制室时，埃里克看了看钟。从现在起，用不了多久就召开的会议将要决定他的命运。对自己的生活这么快就要崩溃，他依然处于迷惑之中。真的就如此戏剧化吗？就凭那幅在月球上的照片？真值得社团召开这次特别会议吗？他们难道不是小题大做吗？

一位科学家走过他身边，他的鼻子朝天，尽力避开埃里克的注视。

埃里克截住了他：“祖祖宾教授来了吗？”他焦急地问。也许他能够说服他的老导师就此事件通融一下。也许祖祖宾会让社团放过埃里克，只要他答应不再重犯……”

“祖祖宾？”那个科学家答道，“他已经离开了。”

“离开了？”埃里克惊奇地重复着，“但我想他是这次会议的召集人啊！既然会议的结果对他那么重要，他为什么不待在这里？”这位科学家不愿耽搁一点时间来回答他，留下埃里克独自再次陷入深思。

情况真的糟透了。此次会议安排得十分匆忙，随便找一个借口就开。祖祖宾似乎是主持人，但他却突然消失，而 Cosmos 戴上手铐被送到 Grid 那里，正逐个线路地接受检查。突然，埃里克意识到事情并非寻常。真的是太不对头了。但他又能做什么？

他看看手机。手机屏幕是空白的。即使在这间主控制室里，Grid 已经发出强大信号来屏蔽其他所有的信号，也就是说你只能使用内部呼叫系统或 LHC 的电话网。无论如何，他感到震惊，他没有人可以联系。他唯一完全信赖的人是乔治，但此刻真不该让一个孩子处于如此不舒服的境地。

埃里克长叹一声，他感到不妨关掉手机以免用光电池。他在主控室闲逛了一会儿，突然他感到再也无法忍受了。别无选择，面对他同事的不友好和怀疑，他对孤独处境以及无所事事感到乏味，对他的想法一直被忽视而感到沮丧，埃里克决定去长时间散步，以平息自己的情绪。

第十四章

乔治飞出银色通道，腹部着地，滑过卧室的地板。他躺在那里喘着粗气，直到他意识到自己已不在小行星上，而且并非孤身一人了。此时有两双穿运动鞋的脚正等待着他。他翻过身，透过头盔的玻璃张望，发现两张被弯曲玻璃弄得变形模糊的脸正朝下望着他。其中一张脸被金发环绕，上面还有一双圆圆的忧郁的蓝眼睛。另一个的头顶有一束黑发，显得非常吃惊。

“乔治”——那个矮小的人形摇晃着他——“你可回来了！你不应该一个人去！”

他们是谁？乔治尽力辨认着。好像他们曾在一个奇怪的梦中相遇过，但他却再也记不清他是怎样认识他们的。当他在快速移动中努力保持平衡时，灯光在他眼前乱跳，思绪如彩云翻滚，思路出来了，它们似乎意味着什么，但他还没能把握住那些想法，以弄明白到底发生了什么之前，它们又烟消云散了。

那高个子蹲着，抓住乔治戴着太空手套的双手，并将他拉到自己的脚前。但乔治却不能站起来。似乎他的肌骨都已糊了、酥了。

“哦，天哪！”那个大点的人说道。乔治被他抓着，在地板上扭曲。乔治的视力聚焦又散开，隧道里的银色旋转光依然在他眼前，“你们从哪里来？那是什么？”

乔治视力模糊地看着四周，他勉强看到通道已再次关闭，布奇安静地待在一边。只是这两件东西好像在他混沌的脑子里有点意义。现在那个陌生人握住了他的手臂，半托半架地把他放在床上躺下。乔治还穿着宇航服，上面矗立的氧气瓶令他很不舒服。他用双手解开头盔扣，把头盔摘了下来，然后用羽绒被罩一角擦拭着乔治那张浸满汗水的脸。

“水！”那个小个子的人喊道，“给他喝点水。”

另一位跑出屋子，带回一个茶杯。“这儿，喝这个。”他将水滴入乔治的嘴里。

那个矮个子正使劲地拽着乔治的太空靴。“乔治，是我呀，安妮。文森特，帮帮我。”她命令道，“我们要把他的太空服脱下来。”

他们一人握住一只太空靴，解开扣件，用力拉。当笨重的靴子突然从乔治脚上脱落时，他们都“砰”的一声仰面摔倒。但这并未阻止他们进一步的行动，他们立刻飞快地爬起去拨弄乔治，此刻乔治看起来比先前更糟了。他的脸上如盐般雪白，只有两颊点缀着粉红的色块，当他试图聚焦时，他的眼珠在眼眶中转动，未能聚焦。

“他怎么了？”文森特喊起来，此时安妮让乔治坐直，开始卸下他背后的氧气瓶。

“把拉链打开。”她命令道。

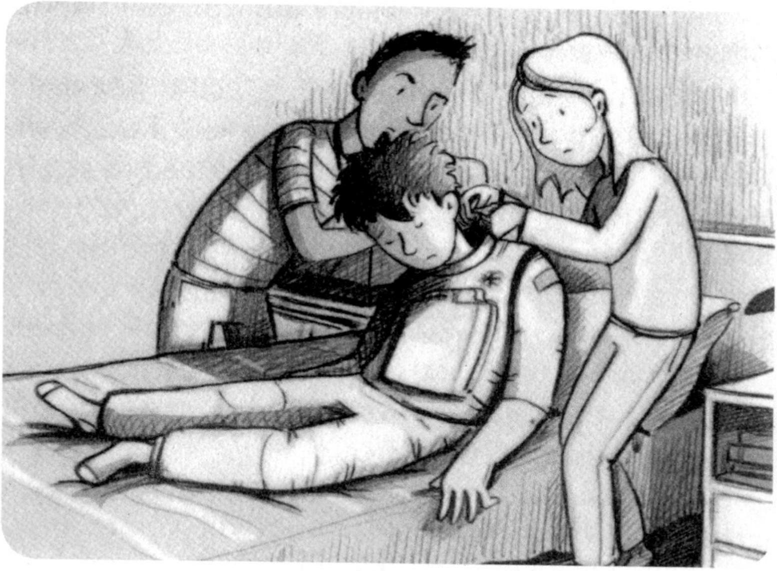

文森特打开太空服的拉链，把乔治的双手拖出，“站起来。”他架起乔治，如此他才能脱下整个太空服，显出里面的衬衫和牛仔裤。

乔治笨重地倒在文森特的手臂中，就像身上没长骨头一样。文森特小心翼翼地把他放倒在床上，在地上找到一件衬衫擦拭着乔治的脸，那张脸上又布满了汗珠。

“太空服！”安妮喊道，“给我那件太空服！”文森特将沉重的太空服丢给她，她开始快速地翻看着每个口袋。“到底在哪里呢？”她自言自语地说。

“他看起来不怎么好，”文森特警告道，“我是不是该叫医生？”

安妮放下太空服，抬起头来，“叫了医生说什么？”她无助地问。“我们的朋友刚从太空中回来，他感觉不好？我们怎么解释他穿过

未经授权的门户去旅行，而且那显然是不安全的。”她的语调歇斯底里地升高了。一些绿色的口水从乔治嘴里流出来，滴在他的下巴上。

“帮帮我！”安妮说，“帮我找紧急太空滴剂——它们就在其中的一个口袋里。”

文森特从床上溜下，抓起另一半太空服，到处拍拍，试图摸到里面的东西。“是这个吗？”他在一只袖袋里找到了一个小塑料瓶。太空急救药品！樱桃红的字母印在瓶子上。文森特阅读着标签上的字。“你需要太空救助吗？你有过不好的太空旅行经历吗？恶心？丧失视力？肌肉胶化？脱发？”他焦虑地看了看乔治，他并没有脱发。

“给我！”安妮喊道。

“你以前吃过这药吗？”文森特守住瓶子，怀疑地问道。

“从不需要吃这药，”她说，“但我爸总要我们服它，如果我们太空旅行回来后感到不舒服。”

文森特把药瓶递给她，注意到乔治正在剧烈地抽搐。安妮将瓶嘴塞进乔治的嘴里，轻轻喷上几滴药液。从他麻木唇间缓慢流出的一些琥珀色药液现在已经变成蓝色。

“快点生效，恒星行星们，”安妮嘟囔着，“让这药治好乔治的病！”她对着乔治的嘴又小心地喷了几滴。

“你查了用量吗？”文森特问她。

“没事儿，”她说，“我爸说一瓶只是一次的剂量，想过量也不可能。”

当她说话时，乔治的嘴唇开始变为粉红色，他的面容也从带有苍白粉色的斑点转为惯常的健康肤色。随着太空解救药在体内传输，被太空旅行弄乱的机体似乎恢复正常，乔治的呼吸慢下来，从急促变得舒缓，眼睫毛也颤动了。

“啊，乔治！”安妮说，眼泪夺眶而出。文森特上去搂抱她——此时乔治的眼睛又睁开了。

“什么……”乔治含含糊糊地咕哝着。

安妮和文森特立刻分开了，冲到乔治的床边。

“乔治！你活过来了。”安妮在他的脸上铺天盖地地吻着。

乔治感到头依然沉重。“安妮？”他摇晃着说，“是你吗？”

“是我！”她高兴地说，“还有文森特，”她又说，“我们救了你！你穿着太空服从一个奇怪的隧道出来，就开始又惊恐又生气。”

“我又惊恐又生气了？”乔治重复道，他现在已经感觉有力气了。他坐起来环视一下自己的卧室。

“你流口水，”文森特说，“你的眼睛好像疯狂了。”

乔治又躺下，闭上眼睛。所有一切真是超级古怪。他试图记起所发生的一切，但他能够唯一聚焦的图形是安妮搂着文森特，而那会儿他刚从色彩亮丽的谵妄中苏醒。

“乔治，”她急急地说，“你到哪里去了？去那里做什么？你去太空却没有等我们？”

“我们？”

“我和文森特，”安妮说，现在她可以看出乔治已经没事儿了，就不那么耐心了，“如果当时你等一等，我们就和你一起去了。你一挂掉电话，我们就尽快过来了。”

“你们怎么进来的？”乔治问，他的头脑还未恢复到能使他回顾太空之旅，他只能处理即时的身边问题。

楼下的哭声回答了他。“你妈和那对双胞胎，”安妮说，“黛西让我们进来的。”

“她不知道有关宇宙门户的事吧？”乔治惊慌地又坐了起来。

“不，她忙两个孩子呢——她们声音很响，我以为她没听到其他的什么。”安妮说。

“这儿，喝点儿水。”文森特递给乔治一杯水。

乔治喝了一大口，几乎立刻就吐出来。“这是什么啊。”他厌恶地问。

“对不起，”文森特说，“是漱口杯。我去拿杯子最先拿到了这个。”

“言归正传吧，”安妮催促道，“快点，乔治，你想想！你去了哪里？为什么你去那里？”

乔治逐渐能够集中注意力了，以前的种种好似快照，一幅幅飞快地回来，特别清晰也极为紧迫。

“哦，神圣的超对称弦……”他慢慢地说着，他用的是那个电脑怪才艾米特最爱的短语。他看看安妮和文森特，决定着到底该说什么。“文森特，我能信任你吗？”

“我想你必须信任，”安妮说，并用胳膊环绕着乔治。“鉴于他已经看到的，而且他还协助我救你的分儿上。告诉我们，乔治——你在那边时发生了什么？”

他想了片刻。此时此地那件事比他的情感更加利害攸关。他不是特别喜欢文森特，但是那个柔道孩子已经在这里了，很明显他已经知道了一切。

乔治深深地吸了一口气，“我看到雷帕了。”他告诉他们。

“这么说他在那边，”安妮说，“等着你。”

“就是那个古怪的家伙吧？”文森特说，然后拿过乔治的漱口杯，猛灌一口水。

“嗯，是的。”乔治说，“他把我带到仙女座的一颗小行星上。”

“仙女座！”安妮尖声叫起来。“哇！我从未到过那么远的地方。”她听起来几乎是嫉妒了。

“但我不想建议你去，”乔治扮起鬼脸，“我认为布奇的宇宙门户没有经过任何安全检查。”

“你真棒！老兄！”文森特钦佩地说，“你肯定是特殊材料制成的。”

“嗯，谢谢。”乔治说。

此时，他妈妈敲了一下门，然后就伸进头来：“我带来一些绿花菜和菠菜做的松饼！”她将盘子递进房间。

“谢谢，G 太太。”安妮说，迅速地接过盘子，并挡在门口，直至黛西消失在楼下，她被双胞胎中的一个恼怒的哭叫召唤而去。“看起来很好吃！”安妮在她身后说。

文森特总是感觉饿，此时他快乐地低声叫着扑向糕饼盘。他一尝到那松饼，他的表情便从欢喜转为诧异。

“哦，我的天哪！”喊声自他塞满松饼的嘴里发出。

还没等他对黛西的厨艺做出任何粗鲁的评说，安妮就猛地踢了他一下。安妮和乔治嘲笑妈妈的厨艺并没有问题，她突然意识到如果文森特那么做就不太好了。

“我只是想说，从它们的味道来看好像是很正经的能量食品，”文森特令她放心，“好像我参加柔道大赛前吃的那种。就是那样的，如果乔治每天以此为生，怪不得他是铁人呢。”

“几点了？”乔治问。

文森特看了看手表，“五点过六分。”

“五点！我们没有多少时间了！等等——现在瑞士的时间是几点？”

“六点过六分。”文森特说。

“好吧，我们必须快速工作，”乔治说，他尽可能快地说，“安妮，你告诉我社团会议是今晚 7：30 召开。雷帕说 TOERAG 有个炸弹—— 一个量子力学炸弹——我打赌他们已经做好爆炸准备。当会议开始时，对撞机——和那里的每个人——将被炸到天国去，科学将倒退回几个世纪。”

“一颗量子力学炸弹？”安妮说，脸色就像几分钟前乔治的一样难看，“它是什么？”

“我知道它是什么。”乔治承认道，“但我不确定如何使它不爆炸。我们最好带上这个。”他拿起布奇丢出的那串数码。“我不确定，但无论如何，这串数码或其中的一个数码可能能拆解炸弹。”

“到底是什么让你相信雷帕会说实话？”安妮强烈质问。

“我们不可能确信，但我想这次他站在我们这一边。站在埃里克这边。雷帕要阻止那些怪人们炸飞对撞机和那里的每个人，那些怪人就是我们在为弗雷迪找住处时，在那个地下室里看到的。”

“你怎能相信那个雷帕？”文森特插话道，“过去他不总是出卖你们吗？”

安妮从口袋里拿出她的手机。她试图和她爸通电话，但打不通。她甚至不能发短信。

“我不知道我们能否在雷帕那里冒次险，”乔治说，“但如果我们什么都不做，科学社团开会期间，今晚对撞机很可能爆炸。”

“但是，我们怎么才能及时赶到那里？”安妮喊道，“我们需要通过宇宙门道行进到那里，可是我们没法搞到 Cosmos！”

“还有另一个门道，”乔治说，他终于想明白，并找到遗失的关联，而那个关联是他在访问数学系时就一直寻找的。“而我知道它在哪里！”

“在哪里？”安妮困惑了，“我想 Cosmos 是世间唯一的超级电脑——除了布奇，但布奇不安全。”

“没错，”乔治说，“我们不能再用布奇——我不知道怎么用，而且它的门户是垃圾货。但是我们的确知道怎样使用新的 Cosmos，那就意味着，我们可能能够使用老的 Cosmos。”

“老的 Cosmos……？”安妮丈二和尚摸不着头脑。

“你还记得你爸的演讲吧，”现在乔治的脑子快得犹如光速，“那个肥肥的祖祖宾教授，他当时也在那里。正是他告诉埃里克必须去瑞士，他正是人类福祉科学社团紧急会议的召集人。”

“那又怎么样呢？”安妮说，“你要说什么？”

“当我们离开数学系时，祖祖宾并没有跟着我们离开，”乔治继续道，“他下楼了，而不是走出来。”

“那么……”

“你爸曾跟我说，当他还在狐桥当学生时，老 Cosmos——就是第一台超级电脑——就放在数学系地下室。你爸演讲完了，当我们快走出前门时，我看到祖祖宾下楼去地下室了。而且，我还看到他戴了一副黄眼镜，就是埃里克掉进黑洞里捡到的那种眼镜。这就意味着有人在做宇宙旅行，并且丢弃了这件东西。”

“要去宇宙旅行，他们必须有一台超级电脑，”安妮抓住了要点，她说，“所以你想祖祖宾一直在数学系地下室里使用那台老 Cosmos……”

“但那是安妮爸爸的学生时代啊，好像很多年前的事儿了，”文森特插话道，“现在那台电脑肯定已被关闭了。”

“这就是我们的假设呀，”乔治说，“我们以为老 Cosmos 不行了。但如果它依然工作，它能把祖祖宾送去看黑洞，它也能及时把

我们送到强子对撞机那里，拆解量子力学炸弹。”

“但是祖祖宾为什么要那么保密呢？”安妮问。

“我不知道……”乔治的声音充满了不祥的预感。“但我预感很快就会找出来。我们要去数学系，尽快地。祖祖宾将在大型强子对撞机那里参加会议，所以我们应该能够尝试老 Cosmos。”

他和安妮三步并作二步地跑下楼，冲出门去，找到自行车，文森特跟随其后。“我还没明白……”安妮的朋友跳上滑板，嘟囔着。“为什么是数学？数学能干什么？不就是黑板上的一堆数字，它们只不过是一大堆数加成另一个数而已。那和宇宙究竟有什么关系？数学对任何人都有什么用吗？”

数学对理解宇宙多么惊人地有用

很明显，我们日常世界中有的东西简单，而有的东西复杂。我们知道，太阳日复一日地准时升起，但是除非你和我一样住在亚利桑那州，那里气候几乎总是温暖的，有阳光，其他地方的天气令人恼火地随机变化。因此，你可以在前夜设好闹钟，坚信在次日准点被叫醒，倘若你预先选择衣服，你可能完全搞错了。

可以用数来描述那些简单、规则和可靠的东西，就像一天的小时数，或一年的天数。我们也能用数来描述复杂的事物，例如天气——比如每天的最高温度——但在这种情形下通常很难用数字建立任何模型。

我们的祖先在自然中注意到许多模型：不只是白天和黑夜，还有季节，天空中月亮、恒星和行星的运动以及潮汐涨落。他们有时用数字描述模型；有时用诗歌。许多古人尽力用数字模型来描写天体运动。他们喜欢预言日食——月亮挡住太阳光，人们可在白天看到星星的恐怖而激动的事件。知道何时日食发生需要大量枯燥的计算，而他们并不永远成功。倘若成功，就会给人们留下深刻印象。

很久以前，无人知道为何在自然中数字和模型这么经常地发生。然而，大约 400 年前，有人更仔细研究模型。特别在欧洲，存在漂亮的精制的仪器有助于准确观察和测量事物。人们用时钟和日晷以及所有种类的金属装置测量距离、角度和时间。他们最终也有了小望远镜。这些好奇的人们自称为“自然哲学家”——即我们现在所说的科学家。

自然哲学家不解的东西之一是运动。首先，似乎有两类运动：在天空运行的恒星和行星，和在地球上运动的物体。人人皆知，你将一个球抛出，它沿着弯曲途径运动，不用试几回就会发现，球在以相同速度和角度扔出时，这些曲线是相同的。

最新科学理论

我们的祖先当然很清楚，运动物体遵循简单的可被预言的途径。因为他们的生活依赖于它，所以他们知道这点。猎人必须确定石头离开投石器或者箭离开弓，今天的行为和昨天一样。在澳洲作为土著的古人这么聪明，他们甚至能制造称为飞回镖的扁棍，它被抛出时，会遵循一道特别的路径，使之返回到抛掷者。

到 16 世纪，数学在一定程度上超越了简单算术，包括了代数和其他具有高度技巧的方法，而自然哲学家能写下描述自然中发现的许多模型的方程。特别是，他们能写下描述诸如箭和球的路径的曲线的方程。例如，一个简单的方程描述圆，另一稍微不同的描述称为椭圆的压扁的圆，而另一个描述悬于两杆之间的绳索的曲线。利用这种更先进的数学，大量不同种类的模型和形状可以不用词句，而用符号和方程描述，它们被写在纸上并印刷以让其他科学家和数学家研究。

尽管所有这些都有用，但它仅是自然模型的描述，而非解释。17 世纪早期意大利的伽利略·伽利雷的研究开始了大突破。众所周知，当一个物体从高处落下，它越来越快地冲向地面。伽利略要使其精确化：1 秒，2 秒，3 秒之后它又快了多少？存在一个模型吗？他用实验找出答案——他尝试抛下物体并计时。他让球从斜坡上滚下，使一切发生得较慢而且更容易。然后，他坐下来研讨测量数据并进行一些算术和代数计算，直至发现一个可正确描述所有落体加速，即在下落时越走越快的方式的单独的公式。

伽利略的公式相当简单：如果一个物体从静止下落，他的速度和已下落的时间成正比地增加。这意味着当物体下落了 2 秒，它的运动速度刚好是下落 1 秒时的两倍。此外，如果物体从高处以一个角度抛出，而非仅仅下落，它仍然以同样的方式下落，但它还在水平方向运动，而伽利略的公式说，物体遵循的轨道的形状是一条抛物线——数学家从研究几何就知道的曲线之一。

英国的艾萨克·牛顿得出像球这样的物体，当它们被外力推拉时如何改变其运动（即加速或减速）。这是关键的一步。他写下了描述它的非常简单的方程。

最新科学理论

在伽利略的落体的情形中，相关的力当然是引力。我们无时无刻不感受到引力。牛顿提出，地球将所有东西向它的中心往下拉，此拉力的大小和该物体包含的物质的量（称作它的质量）成正比。牛顿联系力和加速度的方程解释了伽利略的落体公式。

但这仅仅是开端。牛顿还提出，不仅地球，还有宇宙中的每一物体——包括太阳、月亮，甚至人都以引力去拉任何别的物体，引力随距离的增大而精确地减弱，这被称为“平方反比律”。这个漂亮的定律指出：物体离开地球（或太阳，或月亮）中心的距离增大到 2 倍，地球对物体的引力减小到原来的 1/4；距离增大到 3 倍，引力减小到原来的 1/9。

利用这个公式加上他的如何联系力和加速度的方程，牛顿能做一些酷的数学（有些是他发明的），计算出行星和彗星如何由于受太阳引力的拉力而围绕太阳公转。他还计算出月亮如何围绕地球运动。而得出的数字都正确！更重要的是，他的计算也正确描述了轨道形状。例如，天文学家已经测量出，行星的轨道是椭圆，而伟大的牛顿用计算指出它们必然如此！难怪大家都认为他是英雄和天才。政府十分高兴，就让他负责印造全英国的货币。

然而，关于牛顿运动和引力研究的真正的重要性更为深刻。他提出，他的引力公式以及力和加速度的方程是自然定律。也就是说，它们在宇宙的任何地方和任何时间都是相同的而绝不改变——正如牛顿信仰的上帝。在牛顿之前，有些人认为，地球上的物体，例如球、船和鸟的运动与太空中的天体，例如月亮和行星无关。现在我们知道，它们所有都服从相同的定律，其他科学家描述了运动，而牛顿则按照数学定律给予解释。

实际而言，这是一个巨大的飞跃。因为现代任何人都能坐在椅子上算出一个物体如何运动，而不必看到它，甚至不必离开房间。例如，如果炮弹以确定的速度和角度射出，你就能算出它的落地之处。你能算出它需要多快才飞离地球而永不回返。利用牛顿简单的方程，工程师能弄清如何指挥火箭把飞船送上月球或火星——甚至在他们还没钱制造火箭之前。

最新科学理论

所有这些使得物理学——对宇宙基础定律的研究——成为可预言的科学。物理学家可以摆弄他们的方程预言以前无人知道的事物，诸如未知行星的存在。天文学家利用牛顿定律算出天王星和海王星应在天空的位置后发现了它们，而我们现在利用这些定律预言围绕其他恒星的行星的存在。

物理学家很快开始把同样的思想应用到其他力上，例如电力和磁力，果然，发现它们也服从简单的数学定律。然后，人们研究原子和核，它们也能由数学公式给予仔细的解释。所以，现在物理教科书中有很多方程。

一些物理学家怀疑是否会永远这样下去，或所有定律和方程可以用某种方式合并成某个包含所有其他定律的超级定律。相当多的聪明人盯着这些方程寻找其关联，结果发现了有些定律确能如此。

一个著名的例子是，19 世纪苏格兰物理学家詹姆斯·克拉克·麦克斯韦发现电学和磁学定律能被合并。在他做到这一点后，他解方程并发现，结合的电磁力能产生电磁波。当他从他的方程算出电磁波的速度，他发现此速度与光速相同。“妙极！”他说，“光必定是一种电磁波。”

人们不懈地追求一个结合所有力的超级定律。它需要非常聪明的年轻人把一切都合并在一起。

当我还是一个学生时，我喜欢上了一个名叫林赛的漂亮女孩。有一天我在做物理作业。我必须计算（预测）以什么角度抛出一个球，才最远地落到一定坡度的山上。林赛（她学艺术）在学校图书馆坐在我的对面，这很好，但我有点紧张。她问我在做什么，在我描述我的问题时，她惊叹道：“你就在一张纸上写写画画，怎么就能知道球会怎么动？”当时我认为这是个愚蠢的问题。毕竟，这是我的功课！但是，林赛实际上已触及了非常深刻的问题。为什么我们可以用简单的数学定律来描述，甚至预测我们周围世界发生的事物？这些定律从何而来？也就是说，为什么自然就必须有定律？而即使出于某种原因必须存在自然定律，它们为什么这么简单（诸如引力的平方反比律）？我们可以想象一个宇宙，其拥有的数学定律如此微妙和复杂，甚至连最聪明的数学家都晕头转向。

没人知道为什么可以用简单的数学解释宇宙，或为什么人类的头脑好到能把它找到。也许我们仅是好运气？有些人认为，是数学家上帝把宇宙造成这种样子。虽然科学家们不热衷于神。是不是也许只有宇宙拥有简单数学定律时生命才能产生，这样宇宙必须是数学的，否则我们就不能在此对它进行论证？也许存在许多宇宙，每个宇宙都拥有和我们宇宙不同的定律，而某些宇宙就根本没有定律。这些其他的宇宙也许缺乏科学家和数学家。也许不是这样。

说实话，这一切都是一个谜，大多数科学家认为他们不必花精力去为之忧虑。他们只把自然的数学定律当作既定事实，而继续他们的计算。

我不是他们中的一员。因为这些问题整夜在脑海中翻腾而使我辗转难眠。我想得到一个答案。然而，对于宇宙的数学简单性不管是否存在一个原因，很清楚物理学和数学都深深地纠缠在一起，而我们总需要能做实验和能做计算的人们。而他们最好保持相互交流！

保罗

第十五章

乔治和安妮拼命地骑过狐桥大学形体古怪的城堡，文森特踏着滑板，在他们的一侧优美地画着弧线。这座城市充满了古老而美丽的建筑，几个世纪的学者梦想着发现伟大的理论，以此对世界解释宇宙以及一切令人惊奇的东西，而世界只有时想知道这些。

有些学院看似要塞堡垒——造成这个样子是有道理的。古往今来，那些学者被锁在大门内以避开愤怒的民众，那些人对学者提出的有些新思想感到愤怒，例如引力。又如，不是太阳绕着地球转，而是相反。再比如进化论、大爆炸、DNA 双螺旋结构，以及其他宇宙中生命的可能性。这些学院的墙壁是这么厚，而窗户又是这么小，它们保护着里面的人，使之避开外面的常常是不友好

的真实世界。

三个孩子溜进数学系的院子，把自行车往黑色车架上一扔，然后就跑上前门的台阶。今天玻璃门在微风中摆荡。当他们冲进走道时，没人阻止他们。迎接他们的是熟悉的粉笔灰和旧袜子的气味，以及饮料小推车在远处正被卸空时发出的叮当声。

“别用那个电梯！”当文森特要按电梯按钮时，安妮嘘他。“它很响！让我们走到楼下去。”

文森特把他的宝贝滑板安放在楼道的告示板下——他注意到告示板上写着些激动人心的事情。比如双周期单极子，三维可积分系

统或早期宇宙，过渡相！——他们三人踮着脚下楼来到地下室，乔治打头，安妮紧随其后，文森特断后。

当他们到达楼梯底层时，他们看到地下室已有一线微光。他们仅能看到对面的大房间：那里竟然堆满了垃圾——旧的办公设备，被丢弃的电脑，破椅子，四分五裂的书桌，大堆大堆的电脑纸。垃圾堆之后的什么地方，传来电脑的嗡嗡声，他们小心翼翼地穿离这可怕的困境，跟随着这声音择路而行。很快他们就明白了，此间还有其他人。在电脑嗡嗡声之上，他们突然听到一个很清晰的人声：

“不！”那是无奈的号叫。“你这愚蠢的电脑为什么不让我干我想干的事情？”

安妮和乔治小心翼翼地向前移动着，个子较高的文森特在他们身后，稳稳地向前挪动。透过前方一片混乱，他们看到一位穿花呢西装的老人正试图操作一台巨大的电脑。这台电脑长度占据了整个地下室的一整面墙，这类古董电脑是由很多隔间组成，看上去像橱柜门，巨大的机械设备叠在一起。它的中间是一个显示器屏幕，那个老人似乎是在上面看电影——屏幕的上半部分显示了一张图片——而下半部分，亮绿色的字母文字在黑色的背景上滚动着。

“那是祖祖宾教授，”乔治对安妮耳语道，“他在这里！他应该在强子对撞机那里——他说过，那是人类福祉科学社团的全体会议，这就意味着他也应该到会”。

“他在做什么？”安妮接着在乔治的耳边问道。他们激动好奇地注视着，祖祖宾正在倒着电影片段，下半屏幕的字往回倒。他揿了一下播放键，电影又重新开始。他们看到了图像，并且看到了一个人，那人看上去像是祖祖宾年轻许多的版本，他站在一个老式的投

奇点

奇点是物理学家把数学变成荒谬的地方！例如，当你接近黑洞的中心——一种类型的奇点——时空曲率变成无穷大，而正常的数学规则在黑洞正中心失效（它们将用零来除，人人皆知那是不允许的！）。

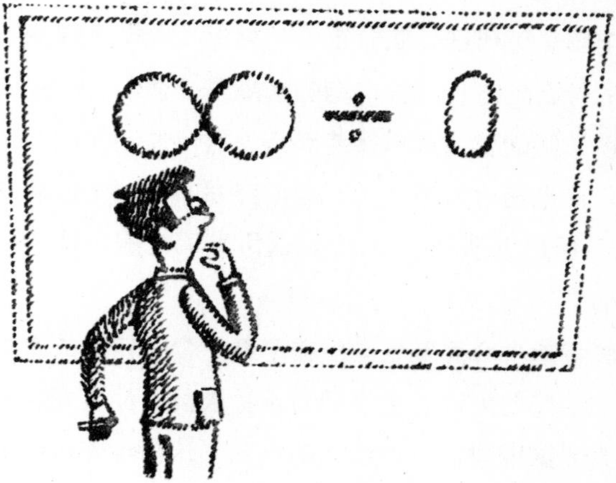

有时物理学家在计算时所做的假设在特定的点结果是错误的，从而发现了奇点。一旦这点被理解，就可以调整计算，使得错误得以纠正，数学正常地有效，而奇点消失。胜利！

越难摆脱的奇点越有趣，它暗示需要新理论。例如，在广义相对论的数学运算中产生的黑洞和大爆炸奇点，也许需要完全不同的数学理论，以理解在宇宙中这种地方真的发生了什么并得到有意义的结果。

对于希望万物理论能摆脱这些奇点的科学家，这是一个没有空闲的研究领域。

奇点

大爆炸

时空曲率变得
无限大

物质密度变得
无限大

温度变得
无限大

宇宙中包含我们四周所看到的一切的空间
达到零尺度。

而在时间中往回走的一切路径
……都到达终点。

这个奇点又称为初始奇点
因为它处于时间的开端。

影仪前，面对着座无虚席的礼堂。

“那就是你爸演讲的礼堂啊！”乔治对安妮说。“那个人是祖祖宾，他在狐桥大学讲课呢。”

“他曾在我爸的位置上，”安妮说，“他是这里的数学教授。”

“也许他想要回到以前的岗位，”乔治冷冷地嘟囔着，他不喜欢那人的外观。“看呀——在听众席里，那是你爸！”

电影里，一个黑发非常浓密，眼镜架得很不牢靠的年轻人带着灿烂的笑容刚好站起来。

“那是我爸！”安妮说，眼泪流了出来。“天啊！我不能相信他曾经这么年轻！他在做什么？”

老 Cosmos 回答了他们的问题。"祖祖宾教授，"它以机器语调说出了银幕上年轻的埃里克说的话。"我已经证明了你的理论有个缺陷！"以埃里克典型的风格来看，祖祖宾似乎应该为他的指正感到高兴。

在电影里，祖祖宾一直在微笑，虽然他的笑容逐渐僵硬犹如强力胶粘在脸上一般。

埃里克继续以老 Cosmos 的机器语调说着："我已经证明了你提出的宇宙模型违反了弱能量条件。"

屏幕上的祖祖宾已被气得七窍生烟了。

接着，老 Cosmos 播出祖祖宾的话，"贝利斯，"文字在屏幕上滚动着。"你这个关于'大爆炸'的理论是有趣的，但无法证明。"

"我不相信！"年轻的埃里克说，"最近发现的微波背景辐射为支持宇宙大爆炸模型提供了直接的证据。此外，我坚定地认为，总有一天，我们将能进行一个伟大的实验，实验将证明在狐桥我与我的同事们发展的数学理论——"此时他谦卑地向坐在周围的人示意，"与现实是一致的。"

现实生活中的祖祖宾按下暂停键，画面静止了。他疯狂地锤打着老 Cosmos 键盘上的按键。一支小画笔出现在屏幕上。祖祖宾使用与老 Cosmos 相连的鼠标让画笔旋转移动。小画笔无效地扫过画面，但什么都没有改变。

"呸！"祖祖宾喊道，"这个为什么不行！"他喃喃自语。"这样的话，我试试其他的……"

他删除了所有显示在屏幕上的文字后，又快速地打着字，屏幕上插入了他的话：不是这样。祖子粒子的性质是理解四种力之间关系和创生物质的关键。我预测，你提议的能量标度的试验将以戏剧性的危及生命的爆炸而告终，那将证明我的基本粒子和宇宙动力学理论是正确的。

可是祖祖宾一输入新的文本，光标就移回将其删除，并以原先的文本取代。

“这不是一部电影，”乔治喃喃自语，它是过去！他正在用老 Cosmos 查看自己过去在狐桥的演讲！而且试图修改它——看来像是他用老 Cosmos 的画面处理程序改变他那时说过的话、做过的事。”

“为什么？”安妮问。

“他试图使它看起来像是他预测了即将发生什么，”乔治说，“他用 Cosmos 回到过去，并改变过去以便使他的理论显得正确——而你爸的理论是错误的。他试图表明，他过去就预言了强子对撞机将会爆炸。”

祖祖宾是如此聚精会神地做事，所以他应该不会注意到孩子们可能弄出的声音，但他却不能忽视乔治的手机突然爆发出《星球大战》的主题曲，那乐曲穿过整个地下室。

乔治很快地采取行动。他将手机扔在地板上，再把它向后踢给文森特，文森特跪在那里捡起手机，很快地按了结束键，并将手机铃声调到静音。

但为时已晚。祖祖宾已经注意到他们了。他转过身，怒目而视，当他看到在自己小心堆放的用来将原始超级电脑从世间隐藏的垃圾之后，有两双眼睛正看着他，他又笑了。

“嗨，乔治！”他说，他露出牙齿笑着，“嘿，——我的朋友，小

安妮。过来吧，我亲爱的孩子们。来啊，来啊！安妮，你还是婴儿时，我曾抱着你坐在膝盖上——对我，你没什么好怕的。”

乔治和安妮已别无选择。当他们走向前去，文森特依然蹲在老家具堆里。他意识到祖祖宾可能还没看到他，他想，如果他能藏在地下室里，万一安妮和乔治有麻烦的话，他也许能帮助他们。文森特并不太理解老科学家说的话，但他很清楚，任何人试图改变过去把自己变为正确，把他人变为错误，那么都是不可信任的。

“安妮，”祖祖宾叫唤，“长大了！这么高！这么聪明！再见到你我有多高兴啊。但为什么你这么担心呢，孩子们？为什么这么着急呢？祖祖宾教授能为你做什么？告诉我，我亲爱的。你们可以信任我！”

乔治掐着安妮不让她说话，但没有用。安妮太绝望了，以至于相信任何一个说能帮助她的人。

“祖祖宾教授……”她用颤抖的声音说着。

老人将手伸到后面，偷偷地关上老 Cosmos 的显示器，显示过去发生的事情的电影不再播放了。

“我们要去大型强子对撞机那里，”安妮继续说，“那里将发生可怕的事！我们一定要去救我爸爸！我们要你用老 Cosmos 把我们送到那里去，我们可以及时阻止炸弹爆炸。”

“你父亲遇到麻烦了？”祖祖宾假装关注。“炸弹？大型强子对撞机？不，我不相信！埃里克不会的，肯定不会的……”他的声音渐渐低下去，并以可疑的目光注视乔治。

“别再说了……”乔治向安妮耳语道，但祖祖宾听到了。

“为什么不呢？”他说，“埃里克是我最喜爱的学生，有史以来我最棒的成功故事。如果他需要我的帮助，那么提供帮助将是我的荣幸和特权。”他深鞠一躬以显示确实如此。

安妮转向乔治。“我们别无选择，”她着魔地说，“我们也没他人可求！”

“所以，你要去大型强子对撞机那里！”祖祖宾圆滑地说。“当然，那不成问题。一秒之内你就可以到那里。”他在键盘上输入几个命令，他的手在伟大的电脑做出的门户上徘徊着。

“一旦我打开门，”祖祖宾喉音很重地说，“老 Cosmos 将会把你们直接带到要去的地方——正是你们的目的地。你，安妮，今天就能成为英雄。你，安妮将能解决所有的问题，把每件事再变好。”

安妮的眼睛闪闪发光。这一次，她一下子会成为英雄。这一次，她将改变世界，她将成为那个化险为夷的人。不是她的爸爸，不是

她的妈妈，也不是乔治，而是她。

“我要去做！”她果断地说，“把我带到强子对撞机那里去吧。”

“哦，但你不能单独旅行，”祖祖宾嘘了一声，他摇着头说，“你的小朋友将必须与你同行。旅行必须是你和乔治，否则我无法打开老 Cosmos 把你运送到那边。”

“安妮…… ”乔治疯狂地拉着她的T恤。“不！这样做毫无意义！”

“我不在乎！”安妮宣布，“祖祖宾教授，打开老 Cosmos，把我们发送到”——她转过身来怒视着乔治——“大型强子对撞机那里去。”

“宇航服怎么办？”乔治绝望地说，“我们还没宇航服呢。”

“你们不会进入太空，”祖祖宾继续以油滑的语调说道，“那么你为什么需要宇航服？这不过是从一个国家到另一个国家的短短一跳。你跨过这道门”——他的手放在门把儿上——“你几乎立刻就在你的目的地现身。我承诺，我作为人类福祉科学社团的成员发誓，这是千真万确的。”

“看到了吗？”安妮说，“他都发誓了——那个誓言，你曾发过，我也曾——我爸和他所有的科学家朋友都发过的。他不会骗人，不会违背那个誓言的！”

“我肯定不会，”祖祖宾严肃地说。“现在，安妮，你听明白了。你就是英雄……你将要穿越宇宙门户去远征，你一定会力挽狂澜。”他的声音具有奇异的催眠性，安妮迅速地眨了眨眼睛，她的头似乎已经在脖子上摇晃起来。

乔治看了看手表，此刻已是狐桥的下午 6 时，也就是瑞士的晚上 7 时——距离量子力学炸弹爆炸只剩 30 分钟了，那将把一个伟

大的实验，埃里克与世界上所有的顶尖科学家全部毁灭。祖祖宾感到乔治的意志正在变弱，他向安妮眨眨眼睛，拉开了门道。门外除了黑暗，一无所有。

“迈步穿过去吧，”祖祖宾持续不断地说，“迈步穿过去吧，亲爱的孩子们！祖祖宾将确保你们安然无恙……安然无恙……亲爱的好小孩。”仿佛是在昏睡状态，安妮迈步向前，梦游般地进入那黑暗的门口，穿过，几秒钟内，她就消失了。

乔治不能让她单独去。他不知道，她最终会身在何处：即便出现奇迹，她确实被送到对撞机那儿，因为没有代码，她也无法拆解量子力学炸弹。他追随着她飞奔而去。

他思索着，那个 Cosmos 的初始版——世界上第一个超级电

脑——与新的 Cosmos 是如此的不同啊，新 Cosmos 造型优美，讨人喜欢的，爱说话，他和它已经熟悉，并相互喜爱。之后再使用那台老电脑就好似当人们用惯了一只敏捷小快艇后，再去驾驶一艘巨轮时那么费力。

乔治振作起来，迈步向前，他再次通过宇宙门户，他走向发现与冒险的未知世界。黑暗立刻将他吞没了。

第十六章

从垃圾堆的高处，文森特注意到所发生的一切。他看着祖祖宾阴险的脸，虽然他听不懂那个老头说的每个字，但他能看出安妮内心的冲突和混乱，也能看到乔治的脸因愤怒而变红。文森特看到乔治力图反对，但也看出那几乎不起作用。

祖祖宾一打开宇宙之门，安妮以为那可直接带她去强子对撞机，带她去她爸爸那里。犹如乔治，文森特明白他们的命运已经被决定了。他准备好从藏身之处跳出。一如往常，一如从前，文森特运用他的空手道，背诵着空手道的口头禅：

“我来也！双手空空，唯有空手道。没有武器，却被迫自卫，维护我的原则和荣誉，而它们都是关乎生死，关乎对错；既如此，空手道就是我的武器，空手道，双手皆空。”

然而当文森特再看过去时，安妮、乔治都已消失，只剩下老祖祖宾。他独自站在巨大而沉默的电脑前，笑着笑着，笑到泪水流下布满皱纹的脸颊，他只得拿出一条熨烫完美的白手帕擦拭。当他终于止住了笑，他又打开了显示器，不过这一次，他改变了频道。

文森特从垃圾堆后偷看老头正在做什么——在屏幕上，祖祖宾

仅能呈现出一个房间的画面，两个小人像在房间内移动。他尽可能轻地向前移动，拿起一只老式话筒，开始对着它讲话。

“乔治，安妮……”他说。

在老 Cosmos 宇宙门户的另一端，乔治和安妮走出来，他们发现周围暗无天日。身后，宇宙之门“咔嗒”一声关闭。他们完全不知所在何处——直到一盏灯打开，照亮了他们的新环境。片刻，他

们只是站在那里，惊讶地张着嘴。此前，他们步出电脑宇宙之门后的任何地方都与此不同。他们相当习惯从 Cosmos 的宇宙之门走出而适应不同的引力条件。在那里，他们飞上一颗陌生星球的大气层，或者被拖至星球的表面。在他们以往的旅行中，他们步出 Cosmos 的宇宙之门后曾遇到过黑色的甲烷湖泊，还有爆发的火山，它们喷出缓慢移动的烟柱和黏稠的岩浆，或吞没星球的沙尘暴。他们曾在空中见过两个夕阳，也曾目睹黑洞爆炸时快速向前的命运。但这里完全异于此前的任何一处。

在某些方面，它只是一个房间，因此又很难说清为何如此令人毛骨悚然。它呈正方形，有着正常高度的天花板，它还有一个显得舒适的沙发、一台电视机和一对舒适的扶手椅，地板上铺着带图案的地毯，书架上有数以百计的精装书，而且书脊还是以字母顺序整

齐排列的。

其中的一只扶手椅上，一只猫在伸懒腰，发出咕噜声。窗帘是关上的，安妮跑去把它们拉开。两个朋友看到了白雪皑皑的山脉，较低的山坡和山峰之上的一片暗色的枞树林，雪峰刺破蓝天，暗云聚集在更远处的群山之上，“我们在哪里？”安妮问。

乔治说：“我不知道。”他慢慢地环顾四周。“但是，这里绝对不是大型强子对撞机。”他们都认为这里有什么东西极不对劲。

“窗外是阿尔卑斯山吗？”安妮怀着希望琢磨着。“我们应该打开门？也许对撞机就在附近。”他们进来的门已在身后关闭，他们都看着那扇门。

乔治说：“这扇门该不只是带我们回到狐桥吧？”“无论这是哪里，难道我们不需要另一扇门从这里出去吗？”

就在这一刻，古董电视机自动激活了，它噼啪作响。黑白图像快速闪烁着掠过屏幕，但它的后面只显示了模糊图片的一小部分。然而喊他们的声音却明确无误，祖祖宾教授正从电视机里对他们讲话，而他并不知道文森特正埋伏在他的身后，只等待发起攻击的一刻。

“乔治和安妮。”教授说，屏幕上显示出他的形象。

“这是祖祖宾！”安妮尖叫。当他阴险地逼近时，他们可以清晰地看到他身后的垃圾堆。乔治在脑海里厘清了一切头绪——他们曾在地窖里听到的声音，祖祖宾戴的黄色眼镜，他听到的电台新闻广播，还有地下室里老 Cosmos 的秘密短语。

“都是你！”乔治对着电视机说，“你周游宇宙，在黑洞里留下那些东西！是你发明了真真空（True Vacuum）理论，以威逼普通人加入TOERAG！你就是那个藏在科学社团里的叛徒。你召集今晚的会议，让世界上所有的顶尖的物理学家聚集在同一个地方——然后你可以把他们炸飞，只留下你一个！你想改变发生过的事情，让它看起来你一贯正确——你那些现在已无人记得的理论——预言所谓大型强子对撞机将会爆炸！”

“而且，”祖祖宾很恶心地说，“我已经成功了——我所有的目标。在很短的时间里，对撞机肯定会爆炸，这个世界将意识到我是不该被忘记的科学家！看来我一贯正确，再没有物理学家能和我作对，我已经赢了！”

“不，你骗人！”乔治对着电视机喊道，“那不是获胜——你将是最大的输家。”

安妮打断了他。“我们在哪里？”她哭了，将自己的脸紧贴着屏幕，“你答应过我们，我们将安全抵达大型强子对撞机！你发过誓。”

“哦，不，我亲爱的，”祖祖宾咯咯地笑着，“如果你听得更仔细些，不去迁就你那不成熟地做出轻率假定的习惯，你本可以正确地听我的话，我说过将把你安全地带到目的地。现在你在那里了，但我从未说过哪里是目的地。”

安妮奔向房门，但在门前又停下来。

乔治说：“等等！安妮，别开门。我们不知道会有什么。”

“没错，”祖祖宾说，“你们，我亲爱的小朋友们，你们在逆薛定

谬陷阱里。喏，就那么容易！你只要径直走过去。”

“什么意思啊？”安妮困惑地问。

“这意味着，”乔治沉重地叹息道，“只有当我们打开门，我们才知道我们在哪里。我们可以在任何地方，但房门仍然关闭时，我们不能肯定在哪里。”

“太好了，太好了，”祖祖宾若有所思地说，“当房门依然关闭时，你处于无限多的地点。要我告诉你一些可能性吗？”此刻，窗外的景观已改变为泛着白热光芒的远景，还带着些微黄。当眩光透窗而至，安妮和乔治都向后缩去。

“也许，”祖祖宾说，“你是在地球中心，就是地球内核的结晶中心。在这种情况下，你正处于直径1500英里的纯铁球的正中心，那里几乎与太阳的表面一样热。那里的压力是地球表面的350万倍。打开门——请吧！做我的客人！我好奇地想知道将会发生什么——你会被烤熟还是被压碎？哪一个会最先发生？”

乔治吃惊地张大了嘴，并惊恐地盯着窗口。

“这一次没什么可说的吧？”祖祖宾说。“那么，我将继续我们的地质学课。这个铁球外包了一层液态铁的外核，顺便说说，那也是极端热烘烘的——而它的外边又包着一层地幔岩石，火山熔岩有时会从那里漏出来。即使你没到达那么远，到目前为止，那难以置信的热度就会使你的血液在血管中沸腾。但是，这还不算完。从那里，你必须挖通25英里的地壳岩石才能到达地表。当然，只有几英里之后，你就可能发现，你已冲出海底！哦，孩子们！”他紧紧地攥住双手。“让我们来看看对你而言哪种情况最可能发生！”

安妮一屁股跌坐到猫的身上，它怒叫了一声，挣扎着从她身下逃出，跳到沙发上，舔着爪子，杀气腾腾地盯着安妮。

窗外的画面再次改变。这一次，他们身处水下深沟，那海沟深不见光。在从他们身后房间来的光线里，他们可以看到弯弯曲曲的珊瑚礁，海底的深洞里冒出一道黑色烟柱。

“比方说，你发现自己正身处太平洋海底的温泉之中，”祖祖宾幸灾乐祸地说，“那里存在着奇异的史前生命形式，人们无法看到它们，它们依靠从地球核心孔洞里溢出的矿物质为生。”

一条巨型蠕虫，身子长过这两个孩子，它直游到窗口，正想冲进来。当它惊奇地撤退时，那长长的苍白的身体沿着玻璃发出啪啪的拍打声。

“哎呀！它没看见我们！”祖祖宾教授惊呼道，“嗯，这是因为它没有眼睛。它是一只巨型管状蠕虫—— 一只多么可爱的动物啊。你们想和它一起游会儿泳吗？它很友好，”祖祖宾含糊其词地说，“那都无所谓啦。毕竟，你们会在热水喷口上活煮。也就是说，如果你们没被淹死的话……”

乔治在安妮身边坐下，并用胳膊搂着她。她正瑟瑟发抖。“别看了，”他说，“他试图吓唬我们。别让他得逞。”但乔治本人也无法将目光从窗外的恐怖画面上移开。

“看来我还是不能取悦于你们！”祖祖宾悲伤地说。窗外的画面再次改变。这一次，他们可以看到连绵数里的大块浮冰，它们从窗口延伸到无限的远处。“也许你不喜欢热天气！让我们尝试一下不同的风景。也许你是在南极，正处于南极洲的冬季的酷寒。强风连续袭击着窗口，你能看到一群企鹅，它们都低头缩脖对抗着冷酷凶猛的阵风。”

“你看，孩子们，”祖祖宾继续玩弄着被俘虏的观众，“在门的另一边有着无限的可能。也许你已经缩小至量子的尺度，这样你就发现做一个夸克的感觉！”

“这不可能发生，”乔治说，“这是不可能的。”

“噢，真的吗？”祖祖宾说，“难道你不会被局限于质子之内，那里有 3 个夸克和周围环绕着的无数的夸克–反夸克以及胶子？逃离

不确定性原理和薛定谔的猫

量子世界是原子和亚原子粒子的世界；经典世界是人和行星的世界，它们是非常不同的地方：

C	Q
经典：我们能够既知道某物在何处，又知道它运动得多快。	量子：我们不能同时精确地知道两者，也许我们两者都不知道——这是海森伯的不确定性原理。
经典：一个从 A 运行到 B 的球取一条确定的路径。如果在路径中有一堵两个洞的墙，那么球要么走这个洞，要么走另一个洞。	量子：一个粒子取从 A 到 B 的所有路径，包括通过不同的洞的路径——这些路径加起来产生从 A 展开的波函数。
经典：我们知道球走到 B 去，而不走到别的什么地方去。	量子：粒子可以达到波函数到达的任何地方。只有我们观测时我们才发现它在何处。
经典：轻度的观测不影响球的运动。	量子：观测完全改变波函数——例如，如果我们观测粒子在 C，则波函数坍缩成完全在 C（然后重新展开）。

盒子中的猫!

但是(经典的)猫是由原子(量子)构成。埃尔温·薛定谔想象,对于一只猫而言,这会意味着什么——虽然不要对你的宠物猫这么做(薛定谔实际上也没这么做)!

他想象把一只猫关在一个(完全光屏蔽和声屏蔽的)盒子里,里面还有一些毒药,辐射探测器,还有少量的放射物。当探测器鸣叫(因为一个原子产生辐射而引起),接着毒药就自动释放出来。过一会儿在盒子中的猫仍然存活吗?盒子中的原子(包括猫)取所有可能的路径:在其中一些,辐射产生,毒药释放;但在其他路径并没有。只有当我们打开盒子进行观测,我们才能发现猫是否存活。在那之前,猫既不肯定是死,也不肯定是活——在某种意义上,是死和活两者的组合!

的概率会非常小。谁也没有见过强子之外的夸克，乔治，没有人再会看到你了。”

“不，”乔治坚持着，“这完全是虚假和邪恶的。”

“我留给你去发现吧，”祖祖宾圆滑地说，“实验是科学的基本组成部分，我期待着你尝试证明我是错的。”

“闭嘴！”安妮喊道，“我们必须离开这儿！”

“请吧，”祖祖宾说，“不要比你期望的多耽搁 1 分钟。你所要做的就是打开那扇门。”

“但是，我们不能打开！”安妮说着，一屁股陷进沙发里。“我们能打开吗？如果我们打开门，我们可能会死……”

“那只是可能。”祖祖宾安慰道。

“这意味着我们永远被困……”乔治缓慢地说，“在这个房间里。”

“我已经提供了大量的阅读材料，”祖祖宾说，“你将在书架上找到所有主课的阅读材料，冰箱里还有一些营养品。”

安妮跳起来，走向冰箱，仿佛它能指明一条脱离陷阱的出路。但冰箱里只有一盒早餐麦片、五大块巧克力和一瓶标有 CAT 的牛奶。

“维他麦和巧克力？”安妮抗议道。

“极为充足的饮食，我一直就这么吃的。”祖祖宾冷冷地说，“我原想问你的烹饪偏爱，但真没时间。你竟然这么焦急啊。”

“这就是你的房间，是不是？”乔治说，他开始明白了，“当你要隐藏起来时，你就来这里，你住在这儿。”

“这里安静，”祖祖宾承认，“它给我时间思考。”

“因此，这里有出去的路，”乔治说，他通过电视屏幕指着祖祖宾，“你能回到狐桥，所以我们也肯定能。你来这里，当你打开门时，绝非听任运气将你落到何处。我打赌，你使用这个房间去过大型强子对撞机，也去过其他所有的地方。你就这样到处旅行。”

“嗯，是的，当然！”祖祖宾说，“通过使用电视机遥控器，我可以观测，使得门户选定一个确定的去处。所以，当我打开门时，它就带我去我选择的目的地。”

“遥控器！”乔治喊道，“安妮，我们必须找到电视机的遥控器！”

“你们尽力找吧，”祖祖宾冷笑着说，他手里拿着一个东西在屏幕前晃动着，乔治意识到遥控器在祖祖宾手中，他一下子就泄气了。

“当我的父亲被炸掉之际，你就把我们丢在这里？”安妮极轻声地说，似乎已经无望了。

“是的，”祖祖宾确认，“你喜欢看吗？我可以在电视机上放给你看，如果你要的话。我希望让我的客人满意。”

“不！”安妮大哭，她哭声那么大，又那么痛苦。连身在狐桥的文森特都听得到她的哭声，他知道该采取行动了。

第十七章

在老教授的后面，文森特一直在徘徊不定。他一直存有希望，希望设法获取解救安妮和乔治的线索。他知道他可以轻易地压倒那个老头，但那样做有什么好处呢？如果祖祖宾不告诉他如何将乔治和安妮从电视屏幕上显示的离奇房间里解救出来，他们可能会遇到更大的麻烦。

文森特扫视了一下乔治的手机，就是那个他从地板上捡起来的手机，屏幕显示着：未接来电——家。就在那一刻，他听到安妮痛苦的叫声，他意识到再也不能等待了。

他准备就绪，呐喊一声，从旧家具后跃身而出，迅雷般地落在祖祖宾的身后，再以迅雷不及掩耳的空手道劈向他。祖祖宾惊吓得还未转过身来，就如老树般地倒在地上。他歪七扭八地躺着，翻着白眼，不省人事。

从屏幕上，文森特看到安妮和乔治惊讶的面孔，他们正望着他。

“文森特！”屏幕撒满安妮的亲吻。

乔治把她拖回来。“文森特！”他说，“太棒了！”

“文森特，你真棒！”安妮说。

乔治再次把她挤到一边。“但是，文森特，我们怎么出去呢？”

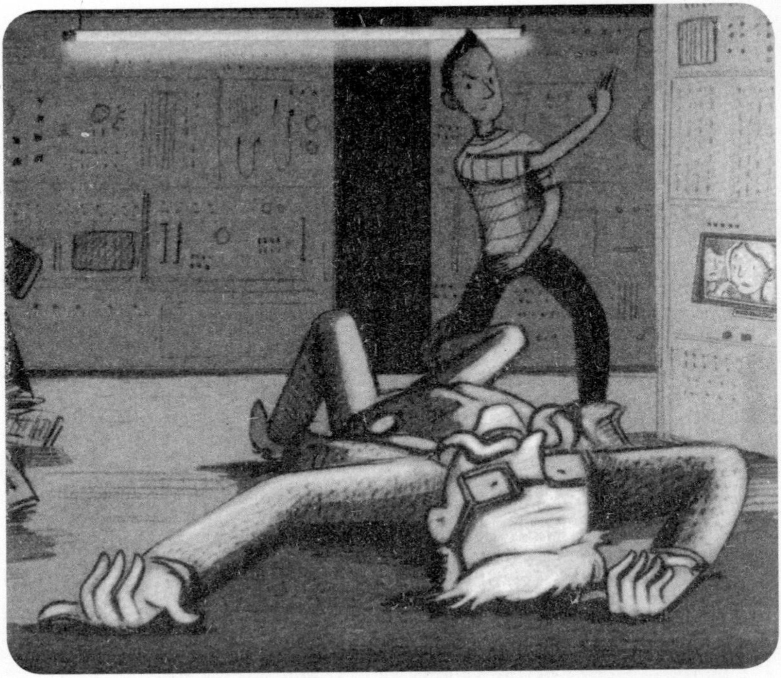

安妮喊道："给我爸打电话！告诉他大型强子对撞机的炸弹！"

文森特查阅着乔治的手机，他找到了埃里克的电话号码，按了按绿色图标，等待着。但只听到手机已关机，他将不得不稍后再试。

"遥控器！"乔治喊道，"文森特，从祖祖宾那里找到遥控器！"

祖祖宾仰卧在地板上，他的花呢西装敞开着，胡子垂向一方。他俯下身从祖祖宾手里夺过遥控器，拿着它来到电视屏幕前，这样乔治和安妮都能看到。

"是这个吗？"文森特问。

"是！"乔治说，"就是它！现在，你可以把我们弄出去吗？"

“想那样啊，呃，可怎么做啊？”文森特悄悄问道，“这东西怎么用呀？”

“噢，不，”乔治说，“我还没想到这一点。我不知道。”

“如果你能更近一点看看它？”文森特举着遥控器紧靠屏幕。

“没用，”乔治沮丧地说。“图片不够清晰，哎，文森特，”乔治又说道，“你得快点，没有太多的时间了！”

“打电话到大型强子对撞机！”安妮说，“告诉他们那里有炸弹！”

“算了吧——他们也不会相信他。”乔治说，“只有一个办法——到那里去，我们自己拆解炸弹。”

在另一边，文森特正盯着遥控器。“我在家里看电视时，我按‘输入’，”他缓慢地说，“它就会改变电视里的功能。这就是我们需要逆薛定谔陷阱做的——我们需要它把陷阱改为门户。我试试吧？”他紧张地问。

“你必须试！”乔治说，“那是我们唯一的希望！”

文森特深吸了一口气，按下输入按钮。但什么都没有发生。他再次按下它，老 Cosmos 的屏幕上开始显示目录，同样的选项目录也出现在薛定谔陷阱内的电视屏幕上。他大声读出目录上的第一个选项：“狐桥”。然后，他向在逆薛定谔陷阱里等待着的朋友们读出了第二个选项：“大型强子对撞机”。

“那些肯定是祖祖宾访问过的地方！如果我们选择对撞机，也许它会带我们到那里，就是他放炸弹的地方！如果遥控器上有箭头按钮，”乔治飞快地说，“用它来选择大型强子对撞机。”

“我不知道！”文森特很担忧。当他玩类似滑板和空手道那样危险的运动时，他从不知恐惧。但面临着会置他的朋友于危险之中的

困境时，他感到害怕。“我不能！”他说，“我不能送你们去大型强子对撞机！我们知道那里有炸弹！”

“文森特，立刻行动！”安妮说，她又把乔治推到了一边，“你必须让我们到大型强子对撞机那儿！如果你不这样做，我爸就再也不能回家了——这是雷帕说的！你行动越快，我们到达那里后就有越多的时间，发现并拆解炸弹。按按钮啊，文森特！我们将打开大门，把我们发送过去！”

文森特从心底发出一声痛苦的叹息，然后按动了选择键，屏幕显示出亮色的“大型强子对撞机”，光标在上面徘徊着。

当他这样做时，乔治向前冲去，拉开了门……

在监视器上，文森特最后看到的是他朋友们的背影，他们通过门户消失了。他是否正确地使老Cosmos工作？他们能否安全抵达大型强子对撞机？他应该送他们去大型强子对撞机吗？去那个正准备起爆的地方拆除炸弹吗？他应该让他们回到狐桥吗？他如果按错了按钮，打开一个某种犹如虫洞一样奇异的东西让他们穿越，那该怎么办呢？如果他不小心把他们送回到时间的过去，那又该怎么办呢？

文森特轻轻地坐在地上，等待着，他双手捧住头，此时那个邪恶之源祖祖宾正躺在他身旁的地板上打呼噜。

虫洞和时间旅行

你把自己想象成一只蚂蚁，生活在一个苹果的表面上。苹果用一根线悬在天花板之下，线细到你不可能攀缘上去，这样苹果的表面就是你的整个宇宙。你不能到任何其他地方去。现在想象一条虫咬出一个穿过苹果的洞，这样你就能有两条路径从苹果的一边走到另一边去：绕过苹果表面（你的宇宙），或者通过虫洞抄近路。

宇宙能像这个苹果一样吗？在我们宇宙中可能存在从一处连接到另一处的虫洞吗？如果有的话，这种虫洞在我们看来是什么样子的？

虫洞有两个入口，一边一个。一个入口可以在伦敦的白金汉宫，另一个入口可以在加利福尼亚的海滩。入口可以是球形的。窥探伦敦的入口（和窥探水晶球相当类似），你能看到加利福尼亚海滩的无边波浪和摇曳的棕榈树。你的朋友窥探加利福尼亚的入口，他就能看到在伦敦的你，你身后是宫殿和卫兵。和水晶球不同，入口不是实心的。你可以一下子跨进伦敦的巨大球形入口，然后穿越某种奇异的隧道做短暂浮游之后，到达加利福尼亚海滩，可以和你的朋友一道冲浪一整天。拥有这样的虫洞不是很美妙吗？

苹果内部具有三维（东西、北南、上下）结构，而其表面只有两维结构。苹果虫洞穿过三维内部将两维表面上的点连接起来。类似地，你的虫洞穿过四维（或许甚至更高维的）超空间连接我们三维宇宙中的伦敦和加利福尼亚，该超空间不是我们宇宙的一部分。

我们宇宙由物理定律来制约。这些定律规定哪些能在我们宇宙中发生，哪些不能。这些定律允许虫洞存在吗？令人吃惊的答案是：允许！

可惜的是，（根据这些定律）大多数虫洞将会内爆——它们的隧道壁会很快地坍缩——以致没有人能来得及穿过它并存活。为了防止这种内爆，我们必须在虫洞嵌入古怪的物质形式：具有负能量的物质，它能产生一种反引力以维持虫洞开放。

具有负能量的物质存在吗？

再次令人吃惊的答案是：存在！物理实验室中每天都在生产这种物质，但只有微量，或存在很短暂的时刻。由什么也没有的区域，即“真空”借某些能量而造出。然而，当债主是真空时，借出的就得很快归还，除非借的数目非常微小。我们何以得知？我们用数学认真地审视物理定律而做到了这点。

假定你是一位极好的工程师，而你要保持一个虫洞开放。有可能在虫洞中聚集足够的负能量，并维持足够长时间让你朋友穿过它吗？我最好的猜测是不可能；但世界上还没人能肯定知道答案。我们的聪明还不足以弄清这一点。

如果定律真的允许虫洞维持开放，这种虫洞能在我们宇宙中自然发生吗？极不可能。几乎可以肯定，它们必须由工程师人为地制造并维持开放。

今天离开人类工程师能制造虫洞并维持其开放还有多远？很远很远。虫洞工程，如果终究可能的话，对于我们的难度就和太空旅行对于洞穴人的难度一样。但是，对于非常先进的文明而言，掌握了虫洞技术，那真是太美妙了：它是星际航行的理想手段！

把你想象成这种文明中的一位工程师。把一个虫洞入口（类似水晶球的球之一）放在太空船中，并以非常高的速度将其送进宇宙，然后再回到你的家园行星。物理定律告诉我们，这个旅行可在太空船里看到、感到、测量到的几天内完成，但在该行星上却在看到、感到、测量到的几年内才完成。这个结果是古怪的：如果你现在走进太空旅行的入口，通过类似隧道的虫洞，再从留在家的入口走出，你会回到几年前。虫洞成为在时间中旅行回去的机器！

史蒂芬·霍金猜测，物理定律阻止任何人制造时间机器，从而阻止改变历史。由于“时序”这个词的意思是“按照事件发生先后来排列”，该猜测就称为“维护时序猜测”。我们不能确定，史蒂芬是否正确，但我们确实知道物理定律也许在两种方面阻止制造时间机器，而维护时序。

首先，定律也许永远阻止最先进的工程师们收集足够的负能量去维持虫洞开放并让我们通过它。引人注目的是，史蒂芬（用物理定律）证明了，所有时间机器都需要负能量，这就阻止制造任何时间机器，还不止是使用虫洞的时间机器。

第二个阻止制造时间机器的方面是：我的物理学家同事和我指出，时间机器在任何人试图开动它们的时刻，可能总在一次巨大的爆炸中自身毁灭。物理定律强烈暗示，事情也许如此；但我们对定律及其预言的理解还不足以确定这些。

这样，最后的结论还不清楚。我们不能断定，物理定律是否允许非常先进的文明制造供星际旅行的虫洞，或者旅行回到时间过去的机器。要找到确定的答案，需要比史蒂芬或我或其他物理学家对物理定律有更深入的理解。

这是对你们——下一代科学家——的一个挑战。

基普

第十八章

在 TOERAG 的秘密总部，这个运动的负责人也坐在电视机前。他们目不转睛地盯着屏幕，那上面显示出大型强子对撞机启动间的秘密内情。

“你将会欣赏这一幕。”其中一个负责人对雷帕说，而雷帕正在假装要观看那个场面。他不敢表露真实态度，担心 TOERAG 会意识

到他已泄露了计划。“最终你将看到埃里克·贝利斯，你的那个老对头将被永远终结。最棒的是，当对撞机被摧毁，公众将会以为爆炸是由极为危险的实验引起的，而有关实验的风险，埃里克一直在说谎。”

“哈哈，”雷帕假笑着，“多么……在劫难逃……”他希望那次逃到太空，在快速公转的小行星上见到的乔治，已经以某种方法挫败了这可怕的阴谋。

时钟滴答向前。在对撞机实验室的会议原定于 7:30，现在已是 7:15 了。启动间坐满了科学家。电子腔室的启动间是非常隐秘而安全的开会地点。虽然它和加速器隧道和探测器腔一样都设在地下，但这部分并未密封，只用厚墙把它与实验室隔开，以保护在启动间工作的科学家们。

这里也是安全私密的，或者说，人类福祉科学社团的成员们相信这里是安全私密的。他们竟无人知道这里已经刻意隐藏了摄像头。他们一直以为在此处，根本不可能被监听或监视。事实上，他们说的每个字和一举一动都被另一些人看得清清楚楚，而看到他们的那些人正是他们极力想躲避的。

小小的 Cosmos 坐在中间，在与 Grid 长时间的对谈之后，它看起来有点“倦怠”。它的屏幕上有污迹，还有点不稳，身后拖着几根电线。一个科学家走进来，查看它，当注意到这台银色笔记本电脑已有损坏时，就立即退到一边去了。

“那是贝利斯？”在 TOERAG 这边，一个电视讲解者望着屏幕说。

“不是，”雷帕说，“贝利斯还没来。”他多么希望能够确知，此刻埃里克不在对撞机实验地，而且已经从乔治那儿获知量子力学炸弹的情报！

“他必须7:40到。”另一个TOERAG的头头儿生气地说。“他必须在爆炸的中心。”

时间一分一分地过去，雷帕屏住呼吸。但是，就在指针刚好指向7:30时，启动室门突然打开，埃里克晃了进来。他刚刚散步回来，散步令他恢复了精神，他决定以战斗的姿态面对命运……

在2米厚墙的另一边，乔治和安妮从逆薛定谔陷阱冲过门道，他们飞越时相互磕碰，落在乱糟糟的堆着东西的金属地板上。

“快让开！”安妮在乔治下面喊道。他翻滚到一边，试图站起来，但他感觉腿在发抖。他在地板上躺了一会儿，看着前面隐约显现出一个巨大的金属圆盘。

它的形状类似太阳的简单绘图，圆形闪光，阳光从光盘中心辐射下来。围绕着那个圆，周边是一圈蓝色的金属板，更远处，巨大的灰色管道向前伸展，仿佛是巨人张开双臂进行拥抱。那台机器耸立在他们面前，好像大教堂般的崇高又沉默，其庞大令人印象深刻。处于那样的地方，你只敢小声说话。

乔治不稳地站起来。他和安妮似乎是在某种平台上降落。她还没站起来，躺在那里缩成一团球。“你没事吧？”乔治问她。

她转过脸朝着他，眼睛仍然闭着，接着快速睁开了一下，乔治看到了她眼里的蓝色闪光；然后，她挤挤眼又闭上了。“是，我没事，”她说，“好像你睡着了，有人打开灯。再等一下。”

乔治四下看看。“喂？”他轻轻地叫着，声音消失在巨大的空间中，仿佛被那台机器吞没了似的。他能听到一种奇怪的混合声，声音重复着“比比博，比比博——比比博——比比博”。但附近似乎没

有其他人。

乔治没注意到他擅自入内已被微小行动监控器立即捕捉到，摄像机将他和安妮的影像传过建筑群送到安全监视器，报警系统随即启动。在厚墙包围着的那些精巧复杂的机器中，乔治和安妮根本无法听到电喇叭通报触发连锁系统的声音，束流废弃堆启动了。这意味着质子束从加速器束管里赶出，进入一些 7 米长的石墨瓶，每个都被裹在钢瓶内。他们完全没有觉察自己的到来已被发现，并触发了一阵戏剧性的嘈杂的反应。

安妮摇摇晃晃地站起来，快速眨着眼睛。“我们在飞船上吗？”她低声说，环顾四周，“这是飞船发动机的房间吗？”

“我想不是。”乔治摇了摇头，“引力正常。而且我们不需要氧气罐就能呼吸。我想我们在地球上。这里肯定是大型强子对撞机——

这意味着老 Cosmos 把我们带对了地方。”

“呜，真幸运，”安妮说，悄悄地靠近他，当她感到紧张时，她总会这样。“可现在我们要去哪里？怎样才能找到爸爸？然后又……”

乔治正要答话，安妮突然尖叫起来。

“怎么了？”他惊慌地说，安妮就站在他旁边，但他看不出有什么可怕的。

“那个东西——毛茸茸的——在我的腿上！”她倒抽着气说着，吓得一动也不敢动。乔治向下看去，她的脚腕上，从祖祖宾恶魔般的陷阱里出来的黑白花猫正缠绕着她的脚踝。

乔治把猫抱到怀里。“没事儿，”他安慰着安妮和猫，“它只是祖祖宾的家猫。它肯定是随着我们从虫洞出来的。”他为猫搔痒，猫儿咕噜着偎依着他。

“你确定它是安全的吗？”安妮半信半疑，她刚从恐惧中恢复过来。“你不觉得祖祖宾会把自己变成一只猫，跟着我们来做更邪恶的事儿？”

“不，我不这样认为。”乔治边说边抚摸着柔软的黑白猫毛。“现在这猫不凶了——我猜它和我们一样想离开那间房子。瞧……猫脖子上挂了一个刻字的金牌，那上面刻的什么？”

为了读它，安妮翻过金牌。“有奖！”她读道，“判断出是死是活！”她把它翻过来。“Schrödy——那一定是它的名字。等等，还说了别的什么。”在一行字下，另有更小的字：“我是一只独行的猫。”

突然猫发出“嘶嘶”声，乔治的手上很快就刻下了深深的爪痕，他连忙将猫一扔。

“哎哟！”他喊道。

“看到了吧？”安妮阴着脸说，“你不能信任来自那个可怕房间的任何东西！”

猫四脚着地，爪子支撑在地板上，犹如踮着脚的女芭蕾舞演员。它又“嘶”了几声，抓着金属地板。背毛倒竖，拱起身体，仿佛面对看不见的敌人。它抬头看着乔治，颤抖着胡须，然后又向远处张望。

“怎么回事，Schrödy？”乔治问，在它旁边蹲了下来。

“我想那又是一个花招。”安妮警告道。

Schrödy 向前走了几步，转身走回来。它绕乔治走了几圈，走开了，再回来，一直都在向乔治方向示意地凝视。

“它要我们跟着它。”乔治悠悠地说。

“你觉得我们必须跟着一只猫吗？”安妮怀疑地皱起了眉头。

“会说话的仓鼠把我送入太空，”乔治指出，“咱们又被一个要炸毁大型强子对撞机的疯子科学家困在一个奇怪的房间里。那么，为什么不能跟随一只猫呢？它毕竟是祖祖宾的猫。”

“我还以为它是薛定谔的猫。”安妮插进一句。

“不管怎样，它是一只物理猫——也许它知道什么。也许它透过薛定谔陷阱窗口看到了祖祖宾，在大型强子对撞机埋藏炸弹。而且——，”乔治环顾着四周悄无声息的巨大机器，“我们也没有其他线索可寻，也不知道怎么找到你爸爸——或那颗炸弹。”

安妮拿着手机，但手机上没有信号。

“如果这里是大型强子对撞机，”乔治继续说，“它还真有点像呢！那就意味着我们现在在地下。那个东西”——他指着机器说，“很可能是某种探测器，包住质子在那里碰撞的管子。”

“那就是说我们在地下。”安妮说，“好像在地铁里。”

“是啊，”乔治说，“我们已经跳出了一个陷阱又掉进另一个陷阱。只是这一个比那一个危险多了。但我们必须到此是有原因的——老 Cosmos 已经把我们带到大型强子对撞机祖祖宾来过的地方。那就意味着炸弹肯定在附近某处。”

Schrödy 再次发出嘶声，它不耐烦地抓着地板。在一片巨大探测器造成的怪异安静中，两个孩子想象着他们听到那个炸弹，滴答滴答地走向最后几分钟，直至爆炸，摧毁人类有史以来最伟大的实验——和与它同在的很多人的生命。

“那么我们跟着猫走！”安妮打破了沉默。“走吧，Schrödy，给我们带路。”

Schrödy 舔舔胡子，在它迈开步子向平台边走去前，它给了他们一个小小的自得的微笑。一个蓝色的楼梯通下去，在台阶尽头，猫停下来，抬头期待地望着乔治。

“它要你抱。”安妮翻译着猫语。

“别抓我啊，Schrödy！”乔治把猫抱在怀里，“嘚嘚”地走下楼梯。安妮快速跟上，她重重地踏过金属板一路下来，弄出一串震铃般的噪声。

当他们到达底部，Schrödy很快挣脱了乔治的怀抱，优雅地跳到地板上。它沿着巨大的ATLAS探测器下的弧边大步走着，孩子们紧随其后。

他们在帅气的黑白花猫后面蹑手蹑脚地走着，“乔治，”安妮揪着他的袖子说，“如果Schrödy为我们指出那个炸弹，那又怎么办？”

乔治觉得胃不舒服。“我不知道，”他承认，努力地表现得勇敢一些，“我们会尽力找到你爸爸，他会想法拆解炸弹。他会的！安妮！”

然而，他们都知道自己正处在深深的地下，而且被混凝土、岩石和金属机械层层包围。除非赶在炸弹爆炸之前，他们拆解它，否则无处可逃。

他们跟着猫，来到巨大的地洞后面。ATLAS巨大的机肚弯曲向上，笼罩在他们头上，那是由数以百万计的零部件组成的。孩子们向上盯着那个人类有史以来最伟大的试验设备。

“如果炸弹在那里，我们就永远找不到了。”安妮低声说。

乔治感到绝望了……但 Schrödy 另有主意。它“嘶嘶”叫着，又扬起利爪去抓安妮的腿。即使她穿着牛仔裤，她仍然感觉到了。

“嗷！讨厌的猫！”她叫起来。

猫泰然自若。它抬头期待地看着他们俩，摇着长尾巴，走到墙角的饮料机旁。孩子甚至还没注意到这个机器，——这样一个熟悉的物件被这么多非凡物体包围着，它几乎融化于背景而不可见了。

“Schrödy！”安妮生气地说，“现在我们不会给你水喝的！我们还有其他的事儿要操心！”

但乔治仔细审视着饮料机。“安妮，”他轻声说，“你有没有发现这个饮料机有点怪？”

她更仔细地看了看饮料机。饮料机的上半部都是隔间，每个隔间都有饮料图片和购买按钮。在不同饮料的选项之下，一个手写的“发生故障”指示牌粘在机器的前面。

“我从没听说过这些饮料，”安妮回头对乔治说，“它们不是真的饮料！我的意思是，夸克-O-味！黏糊胶子！疯癫中微子！那些是什么？虽说它有故障，但灯却都亮着。”

乔治很快地数了一下。“8 个，”他表情严肃地说，“这里有 8 个饮料选项。雷帕说炸弹上有 8 个开关。”

安妮屏住呼吸。“炸弹在饮料机里面，是吧？”她说，“我们必须选择合适的饮料才能拆解炸弹。”

乔治拿出布奇友善吐出的那张纸条，上面写有长长的数字代

发生故障

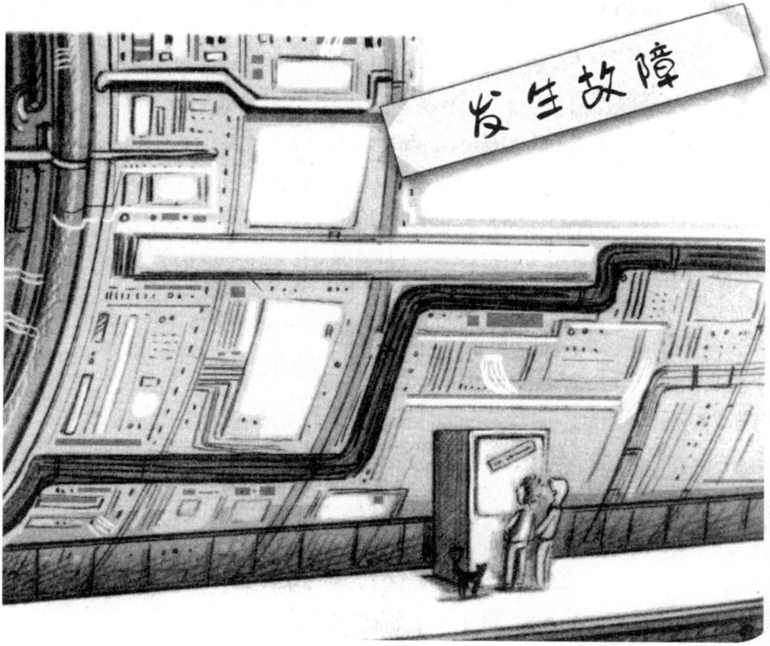

码。“就是它！”他说，“这就是代码，它可以激活开关——引爆或拆解炸弹。但是量子叠加意味着必须激活所有 8 个开关才能引爆，只有一个非常重要。然而我们不知道是哪一个。”

安妮说：“所以如果我们按错饮料按钮，它就会爆炸？”

“是的，”乔治说，“当然，如果我们不试，根本没办法知道哪个是对的，但是，这样做，也可能得到引发爆炸的结果。不过，雷帕说他已动过炸弹，我们毕竟有办法将其拆解。他说，他已经做过一次观测……”

“如果他已经做过一次观测，”安妮很快就明白了，她说，“那就意味着，他肯定已留心过炸弹要用哪种味道的饮料才使量子叠加不会发生。雷帕肯定已经知道那个开关可以拆解它。布奇发给你的代码就是激活开关……”

乔治说：“我们只需要选择合适的饮料。这就是一切。”

“这就是一切……”安妮回应着。她盯着饮料机，向前迈了一步。

“别碰机器，”乔治警告她，“我们不知道它是不是诱杀机。”

“我不会去碰它。但是，我们必须选择……瞧！”

机器下方的投币口能显示你选择饮料要支付的硬币。此时显示屏显示着两位数字，它正迅速倒计时——80，现在它已被 79 取代了。安妮说：“我打赌，这是爆炸前的秒计数，所以我们必须选

择——快选择——否则炸弹将要爆炸。如果我们按下所有的 8 个开关，将发生什么？会起作用吗？”

“嗯，不，”乔治说，“因为它是一个饮料机——这就是为什么它如此聪明！想想吧—— 一个正常的饮料机，你一次只能按一个按钮，得到一瓶饮料。它只让你做一个选择，所以我们现在也不能按多个按钮。”

“但我们应该按哪个？”安妮问。

乔治深深吸了口气，开始从顶上的那一行起看那些饮料。“碳酸维滋滋，”他读道，“夸克–O–味！黏糊胶子。冰冻光子。疯癫中微子。电子能量饮料。希–希–希–格–上！柠檬味冰陶。”此时计时器显示着 60，秒计时快速地减小着。乔治低下头看着 Schrödy。“有什么主意？”他问。猫看似黯然地摇摇头，仿佛说它已尽其所能了。它蜷缩在乔治的脚边，开始梳理胡须。“安妮？”乔治满怀希望地问。

“其中之一，”安妮说，“必须是奇异的，它们中的一个必须是雷帕以前设定用来做量子观察的，以使炸弹选用 8 个码中的一个。但是哪一个呢？”

“W 和 Z 玻色子……”乔治自言自语地重复。“夸克……胶子，光子，中微子。电子，希格斯子和陶子。哪一个是？”突然，他灵光一闪，犹如饮料机上的灯亮了。“尤里卡！”他喊道，“我知道了！就是希格斯子！就是奇异的。”

“你确定？”安妮说。计时器显示现在离起爆只有 30 秒了。

“希格斯子，”乔治很快地说，“它是仅有的不绕着自己的轴自旋的粒子。胶子和光子具有一个单位的自旋。而中微子、电子和陶子具有半个单位的自旋。”

“按下它！”安妮催促着，“按下它，乔治，现在就按！否则就太晚了！”

正当乔治倾身向前，时间显示只有 15 秒时，他的手在机器上徘徊。

如果他错了呢？

如果他按错了按钮，大型强子对撞机以及里面的每个人，所有的一切都会被炸飞，他将对此负责吗？

他不断地回忆着。埃里克有一回在谈到量子理论中的所有观测是根本不可预知的（“不确定”一词是他用过的字）。物理学家只能计算某一特定结果的概率，只有在特殊情况下的概率是必然的。那么，雷帕怎么能强迫炸弹选择“希－希－希－格－上”？他低头看着布奇的那张纸条——他意识到那串字符的最后一个不是数字，而是一个大写的 H。

9—8—7—6—5—，倒计时器上显示的数字越来越小，乔治终于确定，他对准“希－希－希－格－上”饮料，按了下去。

除了“希－希－希－格－上”的按钮灯仍然闪烁，其他的灯都立即不再闪了。倒数计时器停在 4 秒。饮料按钮上的窗口显出“输入代码”字样。

乔治快速地输入布奇给的那串数码，整个机器短暂地亮了一下，颤抖了。时间显示消失，“拆解”字样出现在那里。

孩子们惊奇地看着，他们同时听到沉闷的噪声，饮料机送出饮料，那罐饮料落在底部的透明盘中，机器自身很快关闭。

“好啊！”乔治说，“想不到还得到这个！”

Schrödy 愉快地咕哝着，安妮大松了一口气，倒在地板上。突

然，他们听到了什么——这时一扇沉重的大门被踹开，脚步朝这边而来。脚步声越来越近，头发散乱的埃里克绕过大机器的圆边，当他看到孩子们，惊讶地停住脚步。

“安妮！乔治！”埃里克叫道，“究竟是怎么回事？”他的身后出现了一群困惑的科学家，他们都急忙赶到 ATLAS 洞穴里。

当安全系统报警后，科学家们很快就意识到两个小人不知怎的来到 ATLAS 检测器的洞穴里！电脑屏幕上显示了入侵者，埃里克挤开电脑屏幕前围观的人群，他恐惧地意识到那两个人神似他的女儿安妮和她最好的朋友乔治。他与其他科学家一起，吃惊地看到那两个人在 ATLAS 前走下楼梯，落入监视器的视线范围。在那一刻，埃里克立刻采取行动，他跑出启动室，果断地向 ATLAS 探测器的方向冲去。

“爸爸！”安妮说着倒在他怀里，抱住他。“你安全了！大型强子对撞机不会被炸毁！科学不会完蛋！”

“你说什么？”埃里克惊呼道。

“贝利斯教授，”其中的一位科学家说，“你能不能解释一下，这两个显然与你有关的孩子，为何能成功进入大型强子对撞机密封于地下的部分，并引发连锁系统，迫使一个束子废弃？”

“啊，林博士。”埃里克说，向正说话的科学家点点头。

“你能不能解释一下是怎么回事？”林博士手臂下夹着 Cosmos，那个小小的银色笔记本电脑。虽然他急于跟着埃里克离开启动室，跑向 ATLAS 探测器的洞穴，但他显然也不愿让 Cosmos 无人看管。

“呃，嗯，不！”埃里克说，科学家们开始皱眉了，但乔治连忙上前。

“嗯……大家好，”他说，“对不起，饮料机内有这个量子力学炸弹。”

“饮料机？”林博士说，“但它老早以前就坏了！从来没人用它……啊。”他说。

“因此也是一个藏炸弹的好地方。”

“如果炸弹爆炸，”乔治继续道，“整个对撞机就会销毁。我们——也就是，我和安妮，因为单靠我自己永远也办不到——知道有 8 个开关可引爆或拆解炸弹。饮料机有 8 种不同饮料选项，这意味着每一个代表一个炸弹开关。我们这里有代码。”他挥挥布奇的代码纸条——“我们知道炸弹的设计师秘密地做出了观测。所以，我们必须猜出是哪个选项——所有一切就是选择正确的饮料。我们想它必须是“希格斯子”，因为其他的都是绕它们的轴自旋的粒子的名

字，而希格斯子不自旋，而实际上”——他看了看安妮——“它也是正确的选择，因为这里的代码以‘H’结束。我们选择了希格斯子，输入了代码，目前炸弹已被拆解。”

“啊……希格斯子首次在大型强子对撞机上被真正地观测到，”一位科学家说，“而且是通过一台饮料机！”

其他科学家低声相互交谈。“量子力学炸弹？”他们咕哝着，“谁能想出这样恶毒的设施？”

“但怎么会发生这么可怕的事？”林博士语调很焦急，“谁会想造成这样的破坏和毁灭？”

乔治和安妮对视着。这回安妮站起来开始解释。

“这个 TOERAG 组织……”科学家抱怨着，但安妮继续说着，“当你们都在这里时，TOERAG 就炸毁对撞机，以便证明高能实验出了错。他们想一箭双雕，世界顶级物理学家也都消失，人们会认为这些实验太危险了，他们永远不会再去尝试。”

“我不明白，”林博士说，“他们怎么会想到这点，对撞机安保措施极端严密，他们怎么能进来？”

“他们有内线。”乔治解释道。

“是祖祖宾吧，是吗？”埃里克忧愁地打断乔治，“他背叛了我们，是不是？乔治，你知道为什么吗？”

看到埃里克这么伤心，乔治不想再提祖祖宾的背叛。但他不得不回答这个问题。

“呃，好，我和安妮，我们认为祖祖宾想把老 Cosmos 当作一个时间机器，他想回到过去。他想证实他以前的理论，就是那些大家已经忘记了的理论——最终是正确的，而你们的理论是错误的。他还试图表明他预测到大型强子对撞机将爆炸，以证实他的理论正确。”

埃里克摘下眼镜用衬衣角擦着，“哦，天啊，”他说，“可怜的老祖祖宾。”

“你是什么意思，可怜的老祖祖宾？”乔治激愤地说，“他想炸毁一切！你不能为他遗憾。”

“他一定是疯了，”埃里克摇摇头，“我以前认识的祖祖宾绝不会做这样的事。他应该知道，科学是持续发展的，不是谁对谁错，而是进步与否。科学是要求你做出最好的工作，让后来者在你创建的基础上继续。你的理论可能被推翻——而这是你承担的风险。尝试新事物，意味着冒险。如果你不去尝试，那么你永远不会取得有意义的成果。当然，我们有时错了。就是这个意思，你必须尝试，失败了再重来，一直坚持下去，不仅是科学，生活也同样。”

“的确，”林博士补充道，“最伟大的挑战不是出现在我们的预测最终证明是准确的时候，而是出现在预测不准确的时候，并且我们发现新的信息意味着必须改变我们原以为已知的一切。”

就在此刻，林博士的传呼机猛叫起来，在场其他科学家的传呼机也同时在响，它们的鸣叫声似一群惊鸟飞入房间。每个人都拿起

传呼机，读短信，巨大的声音随之而起。

“什么事？”乔治问埃里克，“发生了什么事？”

他再次抱住两个孩子。“是 ATLAS！”他说，“它为我们得到一个结果！正是出乎我们意料之外的！它获得了早期宇宙的新信息。现在，如果我可以把信息输进 Cosmos……”他的声音变得越来越小。

所有的科学家都沉默了，他们都想起埃里克对 Cosmos 的托管权的困难问题尚未解决。

林博士站在那里，像在沉思。“贝利斯教授，”他很客气地说，“我相信，在我们探讨 ATLAS 新的令人兴奋的信息之前，我们必须处理一件事。在人类福祉科学社团表决你是否继续作为 Cosmos 唯一托管人之前，我想知道——这两个孩子怎么会知道这么多？两个单纯的孩子如何设法使用出乎意料的量子理论知识，防止了今天在大型强子对撞机这儿发生一场巨大的灾难性的事件——而那个事件将可能使人类退步若干个世纪？”

埃里克还没来得及说话，乔治就打断了他。

“我能告诉你，”他回答，“我们之所以知道那些知识是因为埃里克总给我们讲解科学道理。但他不只是教诲我们——而且让我们和他一起去探索，因此我们自己必须努力去弄懂那些知识了。他不但通过传授知识来帮助我们，而且使我们用脑让知识变得有意义。”

“他是用 Cosmos 去这么做吗？”林博士询问着。

“Cosmos 只是帮助他使我们学习更有趣，更激动。”乔治说，“以那种方式，我们学到了知识，然后当我们面临新的挑战时，我们知道如何用所学面对不同的情况，给出答案。但是还有”——乔治瞥见埃里克的愁容，但决定继续下去——“如果不是雷帕博士，我们也不能做到这一点——挽救所有的人和大型强子对撞机——他加入TOERAG将自己置于危险之中——如果他们发现他的背叛，谁知道会怎么对他下毒手？他把替身送入太空告诉我炸弹的事。没有他，我们绝不能阻止他们。你们会考虑让他重返人类福祉科学社团吗？他真值得被邀请回来。”

“嗯，”林博士说，“非常有趣。我会对这些事进行表决。同意埃里克·贝利斯依然作为 Cosmos 操作员的，请举手。”

举起来的手密如森林。

“不同意的请举手。”

没有一个人举手。

“同意重新接纳格雷厄姆·雷帕进入人类福祉科学社团的，请举手？”

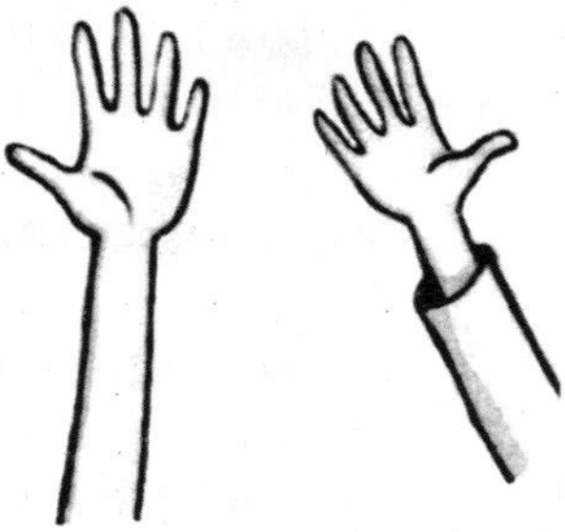

结果，甚至算上埃里克举起的一只手，离批准也差一票。

“乔治，安妮，”埃里克愉快地说，“我相信你们俩都将是委员会的成员。你们愿意投票吗？“

他们都笑了，举起手。

“既然是这样，”林博士说，他将Cosmos交给埃里克，“我想再次还给埃里克Cosmos的监护权。我们将找到雷帕博士，我们将重新授予他成员资格。为了挽救科学免于毁灭……”

埃里克说：“谢谢你们。”他感激地接过Cosmos。“谢谢你，林博士。谢谢你们，人类福祉科学社团的同仁们。但最重要的是感谢你们，安妮和乔治。”

“还有一件事，”林博士说，这时人群分头走向电梯。“贝利斯教授，别再有猪了。拜托。反正别让超级电脑与猪发生关联。”

“当然，”埃里克赶忙说，“下次我运猪的话，我会用我的车……如果我再找到它时……”他低声地自言自语地加上一句。立刻把这点写下来。在评估实验结果对宇宙开端的意义之后，这是他列表要做的第一项。

“顺便说一句，”林博士说，当他们站在队尾等候电梯时，“这里有一只猫吗？我不能相信——猫怎么可能钻到这里来？”

“哦，这是Schrödy。——它是——”安妮开始说，但随后又陷入了沉默。她环顾四周，没看到那只黑白色的猫。“也许它到另一维去了，”她惊讶地推测着，“毕竟，如果M理论是正确的话，它有

M 理论 - 十一维

我们如何将爱因斯坦的广义相对论和量子论相结合？前者描述引力和整个宇宙的形状，后者解释微小的基本粒子和所有其他的力。

最成功的尝试都牵涉额外的空间维和超对称。

额外维被非常紧致地蜷缩，这样大物体觉察不到它们的存在！

超对称意味着更多的基本粒子：例如光微子和光子相关，超夸克和夸克相关！（LHC 也许能看到这些，甚至能检测到额外维。）

超弦（超对称弦）理论用细“弦”（线）来取代粒子（点）。弦的行为，因其不同的振动方式——正如吉他弦的不同音调——就像不同种类的粒子。尽管这听起来挺奇怪，弦能解释引力！

超弦必须存在于十维之中——这样，6 个额外空间维必须被隐藏掉。我们还不能准确地理解这是怎么发生的。

1995 年爱德华 · 威腾提出，各种弦论都是对一个统一的十一维理论的不同近似，而他称这个十一维理论为 M 理论。

科学家对“M”的含义意见纷纭。它是魔幻？是神秘？是上帝？是圣母？或许是膜？未来一代的科学家将发现其真相！

从那时起科学家非常勤奋地研究 M 理论，但还是没有弄清是什么，或者它是否真的是万物理论。

10 个选择。”

“Schrödy？”林博士问。

“一个想象的朋友，”乔治肯定地说，“那是安妮的想象。她还年轻，先生，仍有些幻想，哎哟！哎哟！安妮，放手，放手。”

第十九章

回到地面的那层，在欧洲核子研究中心的控制室里，科学家们快乐地围着一排电脑显示器，检视着 ATLAS 和地下隧道内高能量碰撞所获得的令人惊讶的新数据。林博士和埃里克都忙碌着将那些结果输入 Cosmos。

“这太令人兴奋了，”埃里克对乔治和安妮说，“这些来自 ATLAS 新的信息将使我们在 Cosmos 上模拟宇宙的过去。我们可以从今天开始，一直回到 137 亿年前。这将是一次了不起的演示！”

“嗯，爸爸……”安妮说，“在做这个之前，你给妈妈打个电话吧？她真的很担心你。她想知道你已经没事了。”

“哦，当然！”埃里克说，他拿起桌上的电话，拨通了家里的号码。“你好，

苏珊！”他对着话筒说。“是的，是的，我没事……什么？安妮？失踪了？她在我这里……她是怎么到瑞士的？啊，这是一个相当长的故事……不，不，乔治也在这里……是的，我们将按时回家参加聚会……没有，我没有忘记，我承诺要去拿我们订做的蛋糕……”

埃里克努力解释着两个孩子在大型强子对撞机这儿是多么安全，多么好，而乔治则轻轻拍着林博士的肩膀问道：

“林博士，”他说，“TOERAG 会怎样？现在对他们要采取什么行动？”

科学家表情十分严肃。“我已发出国际警报，”他告诉乔治，“我希望，他们将被查到并被抓获。他们已经在行动上危及生命，如果不是你和安妮，今天将是一场悲剧。”

“你们会查到他们吗？”

“无论他们在这个星球的哪个地方，我们都会将他们追捕归案。”

“TOERAG 从不试图保护人类，对吧？”乔治问，“他们只是吓唬别人去加入他们。”

“是的，乔治，”林博士说，“他们假装要照看人类，但事实并非如此。他们用了好话来隐藏坏动机——这是真正的邪恶。”

“我的父母并不很喜欢科学，”乔治承认道，“他们认为科学损害了地球。他们试图过绿色的环保生活。”

“那么，作为科学家，我们正应该倾听他们这些人的意见。我们不应该忽视他们的观点。地球属于我们所有的人，我们需要共同努力才能有所作为。”

乔治悄悄地为他父母感到骄傲。

此时，安妮已拿过她爸爸的电话，正与身在狐桥的文森特讲话。

“你刚做了什么！”她放声大笑。她一只手捂住电话，转向乔治说，“文森特——他把祖祖宾放进逆薛定谔陷阱里了！文森特打开门道时，祖祖宾刚好醒过来，他就顺手把他推了过去！”

乔治从安妮那儿拿过电话。“哇！真爽！”他赞赏地对文森特说。乔治不得不承认他感谢文森特，他和文森特也许将来可能成为朋友，只是也许。

文森特在电话的另一端笑着。“这不算什么！”他谦虚地说。“和你所做的相比，反正不算什么。我就觉得在埃里克回来之前，那是关他的最安全的地方。我可以在显示器上看到他——他气死了！但我锁上了门，他再也打不开了。”

“他能逃脱吗？”乔治问。

“不行，”埃里克说，无意中刚好听到他们的谈话，“祖祖宾几乎就被困在那里了，一直到我们明天回到狐桥——我们坐飞机回去，像正常的人那样。别担心，孩子们，我们回去后，我来处理祖祖宾。是的，乔治，我会追寻弗雷迪，并为它找到一个永久的家。”

安妮从乔治那儿拿过电话。“再见，文森特！”她高兴地说。“明天见！我们现在得走了——我爸要在 Cosmos 上回溯宇宙的过去！我们将回到万物开始的时候，看看宇宙大爆炸是什么样子！”

埃里克坐在超级电脑前，开始敲打着键盘。他身后的林博士目不转睛地看着。一小群科学家已默默地聚在屏幕前，安妮和乔治穿过他们，以便能看见屏幕—— 一列列数字快速地滚过，同时角落上出现一幅图，图中的小红线正慢慢地划过并落向屏幕底部。埃里克说：“这是宇宙的直径。”他指点着，“当 Cosmos 接近大爆炸时它缩

小到零。”

在乔治的注视下，那条线突然急剧向下，几乎垂直跌向图形的底部。林博士喃喃地说：“这就是暴胀，是一段指数膨胀的时期。我们早已回到宇宙生命的第 1 秒中。”

在接下来的几分钟里，只有电脑和空调不停的噪声打破寂静。乔治的视线无法从那条细线上移开——它几乎已走到屏幕的底部——然后似乎又向上拉了一点。它仍在下降，但并没有那么陡了。

乔治盯着它——而它又来了一次。身后有人在深深地吸气。乔治看了一眼埃里克——只见他满面狂喜，他的目光快速移动，跟随

着连续不断的数字。

“不是我们预期的那样！”埃里克低声地自言自语道，“根本不是我们预期的那样！”

“什么不是？”安妮问。

她的父亲转过身来面对着她，欣喜地微笑着。“不是我们一开始希望的那样，安妮。新物理！你看，在宇宙大爆炸时似乎根本就没有新物理！”他转向 Cosmos，又开始快速地打字。

安妮转向乔治，“没有什么？”她问道。

乔治还在看图表，那条小线仍在下降，但已经单调地下降到几乎接触到屏幕底部。“我想我知道。”他回答。

埃里克带着胜利的神态靠着椅背。“你们将会看到！”他喊起来，然后身体前倾，按下 F4 键。一小束光从 Cosmos 屏幕上射出，在林博士、埃里克、安妮和乔治以及围观的科学家的上方勾勒出一个窗口形状。起初，窗口一片漆黑，它的中心挂着一个圆圆的模糊图像。但很快地，这蓝色和绿色的球体被清晰地聚焦。大家注视着行星地球，它沿着自己的轨道围绕着太阳旋转时也围绕着自己的轴旋转。Cosmos 让窗口把地球拉得更近，因此人们能更清楚地看到它，看到它那熟悉的模式，大陆和海洋，沙漠和大森林覆盖着这个最美丽的可居住的行星表面。然而，他们刚看到这一切，地球表面的形状似乎又在改变了……

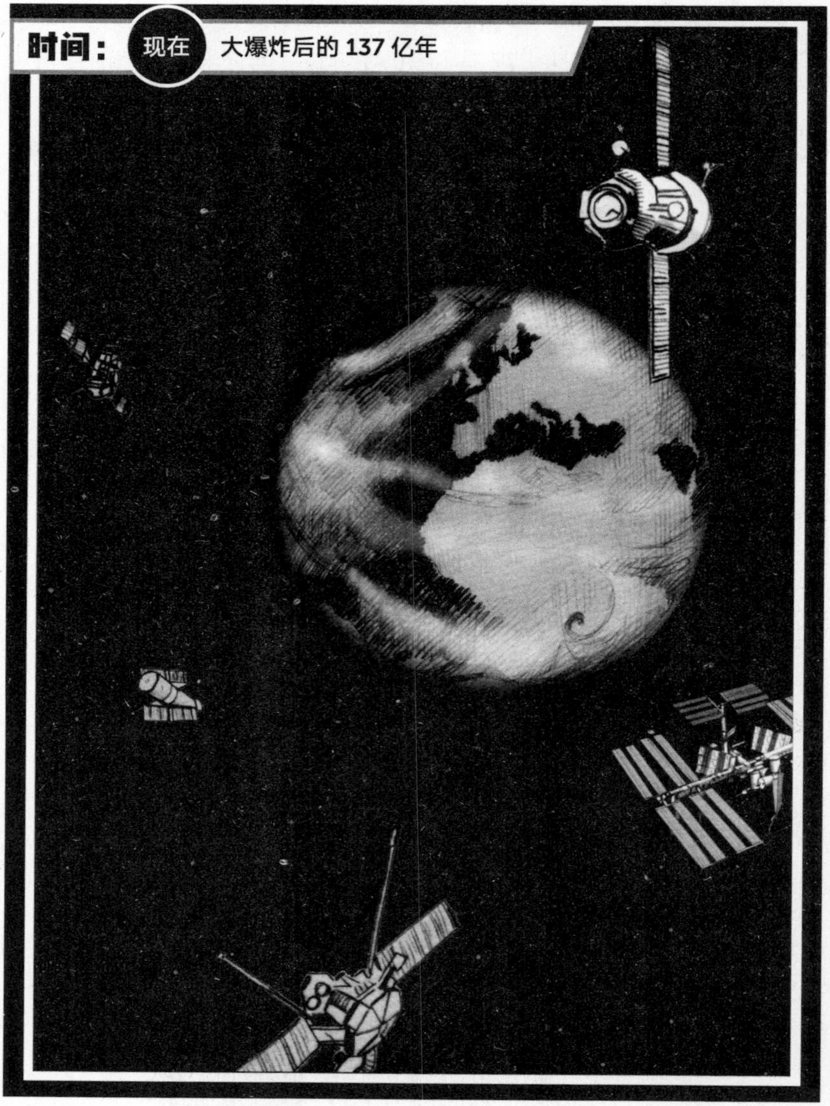
时间：
现在
大爆炸后的 137 亿年

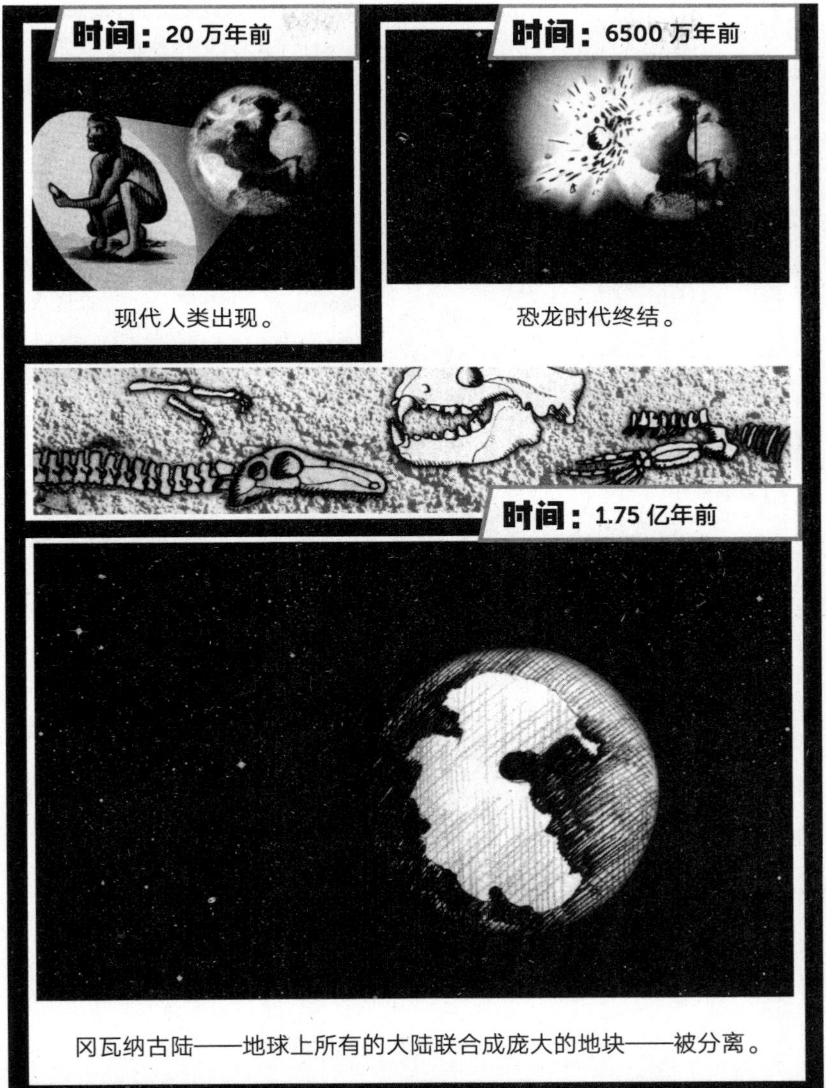
时间：20 万年前
现代人类出现。
时间：6500 万年前
恐龙时代终结。
时间：1.75 亿年前
冈瓦纳古陆——地球上所有的大陆联合成庞大的地块——被分离。

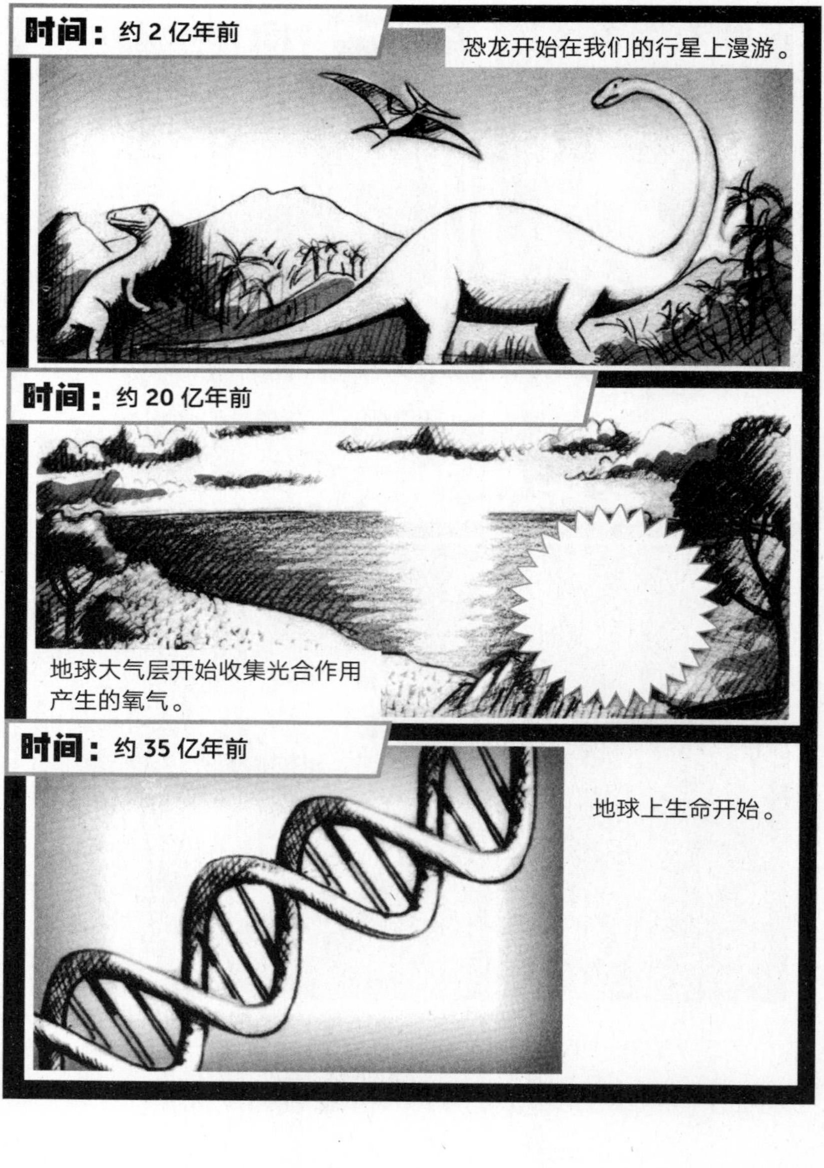
时间：约 2 亿年前
恐龙开始在我们的行星上漫游。
时间：约 20 亿年前
地球大气层开始收集光合作用产生的氧气。
时间：约 35 亿年前
地球上生命开始。

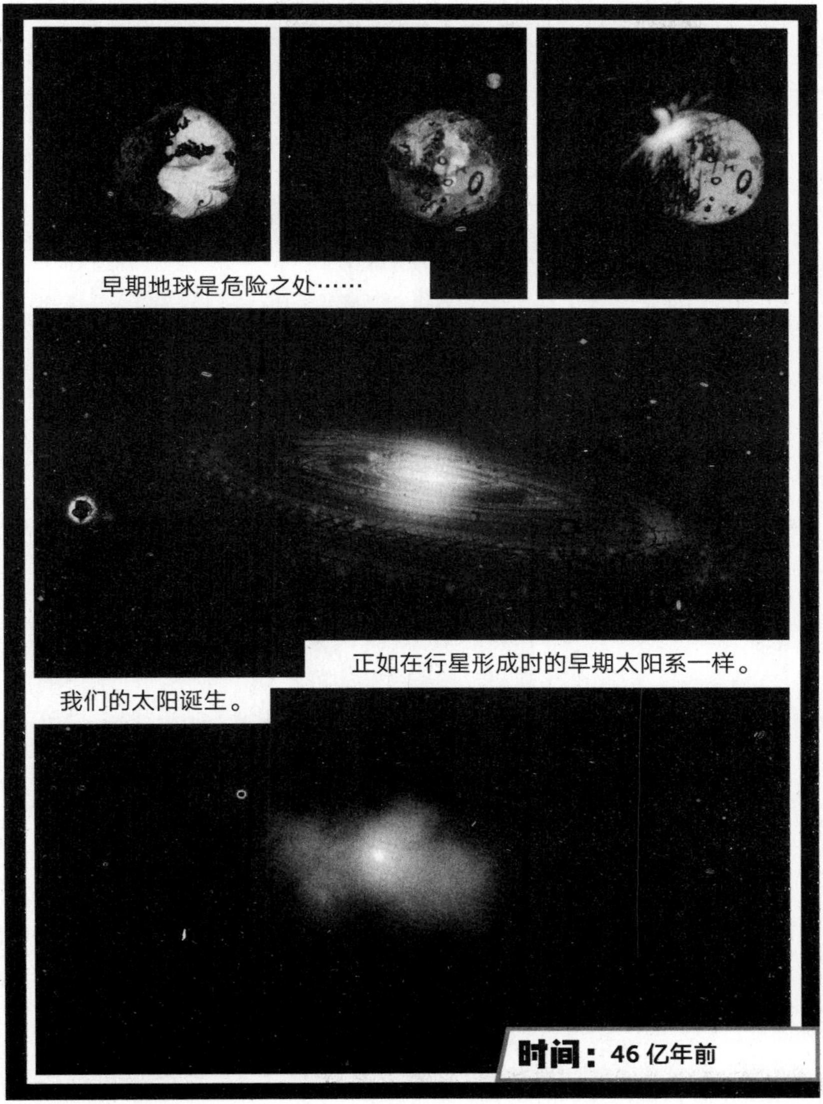
早期地球是危险之处……
正如在行星形成时的早期太阳系一样。
我们的太阳诞生。
时间：46 亿年前

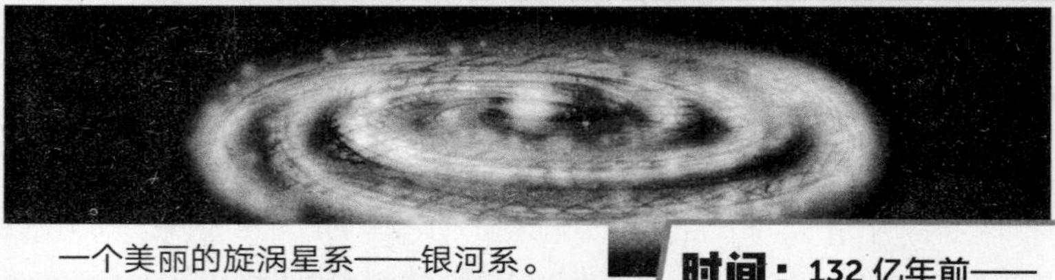

一个美丽的旋涡星系——银河系。

时间： 132 亿年前——大爆炸后约 5 亿年

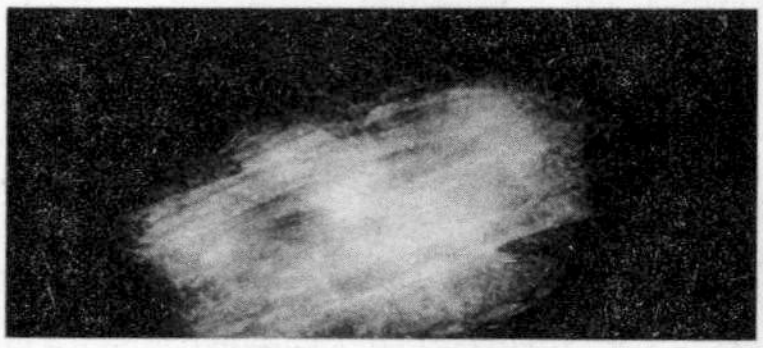

最早的恒星爆炸，把不同原子的混合物喷到太空，这导致最后产生分布于整个宇宙的下一代恒星。

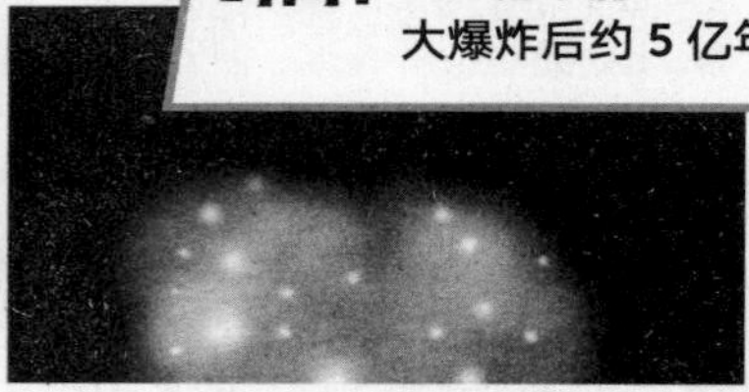

气体团坍缩成小块，小块被加热到释放核能直到成为最早的恒星。

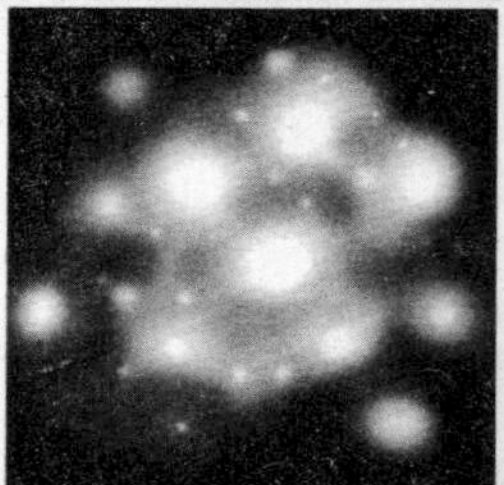

密集的暗物质和气体团被引力吸引到一起。

宇宙黑暗时期延续了几亿年。

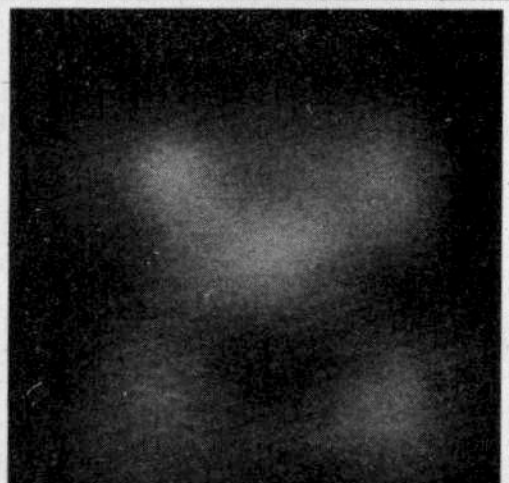

随着最早的整体原子出现，雾消退了——现在宇宙微波背景辐射自由地穿越宇宙。

时间： 大爆炸后 5 亿年内——大爆炸后的 38 万年

时间： 137 亿年前——大爆炸后 3 分钟

随着形成最早的核，热雾充满宇宙。

时间： 大爆炸后的 1 微秒

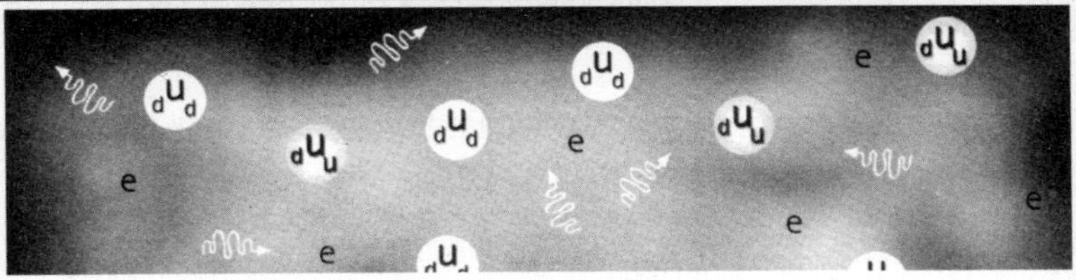

夸克 - 胶子等离子体冷却下来，允许质子和中子形成。物质和反物质湮没，释放光子（光的粒子），光子在雾状的等离子中行进得不远。

时间： 大爆炸后的一百亿分之一秒

借助于希格斯场所有粒子都获得质量。

时间： 大爆炸后的 10^{-32} 秒

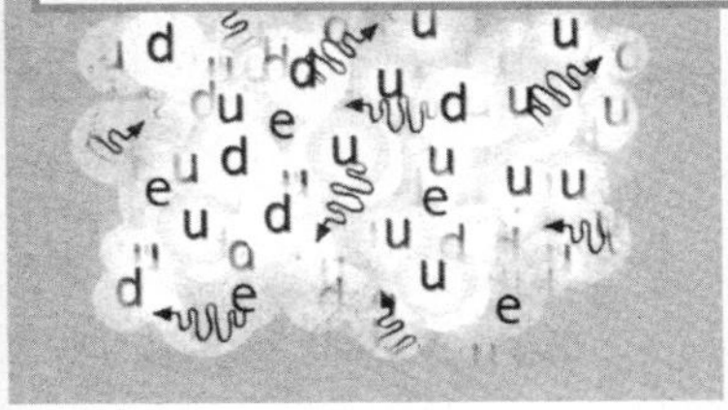

宇宙刚结束暴胀，并释放出大量能量。宇宙充满了夸克–胶子等离子体。

时间：暴胀时期。几乎在大爆炸……

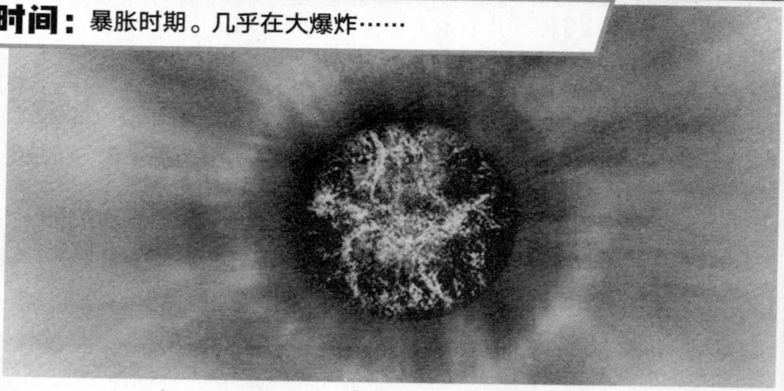

随着我们接近大爆炸，宇宙极快速缩小！

时间：普朗克时期——新物理！

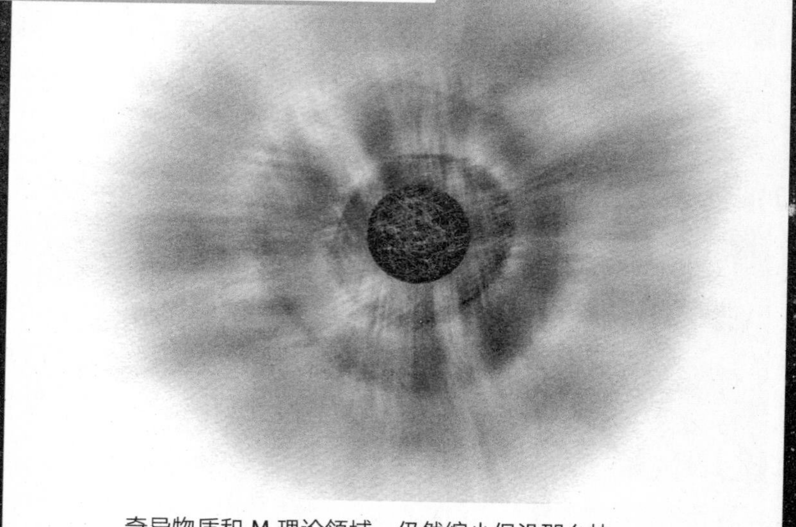

奇异物质和 M 理论领域。仍然缩小但没那么快……

时间： 大爆炸？

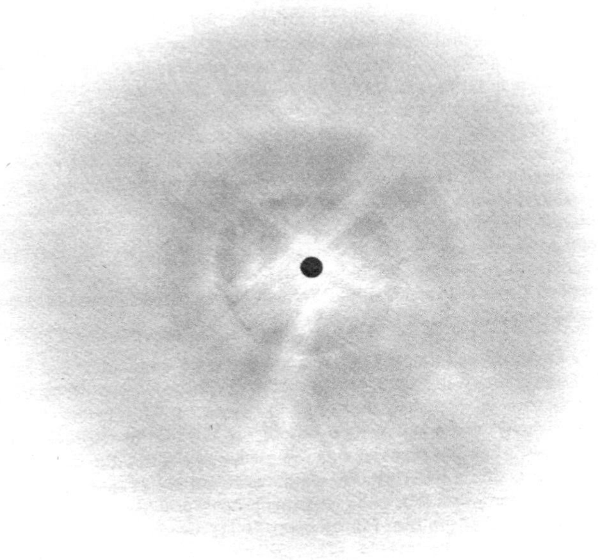

这是就我们所理解的空间和时间应该起始的时刻。但宇宙仍然在此，不可思议的小，而且仍在缩小。也许它永远不可能达到一个奇点……

致谢

像《乔治的宇宙 大爆炸》这样的一部书绝不会突然凭空而来。很多人都参与促成此事。整个乔治系列的工作——特别是第三卷，一直是我的乐趣和特权。我要感谢陪同乔治冒险的兰登书屋儿童书籍（RHCB）团队的全体人员。特别是，我卓越的编辑 Sue Cook，她的努力贯穿于从关于乔治的一丝想法直至乔治三部曲完成的全过程。我想感谢 Annie Eaton，她的远见和奉献精神将科学带给每一个年轻的读者。我在 RHCB 的其他朋友和同事 Jessica Clarke、Sophie Nelson、Maeve Banham、Juliette Clark、Lauren Buckland、Bhavini Jolapara、Margaret Hope、James Fraser 和 Clair Lansley，她们为乔治系列做出如此神话般的工作。我也想感谢 Janklow 和 Nesbit 的 Claire Peterson、Kirsty Gordon、Luke Janklow 和 Julie Just，他们在确保乔治不只是穿越宇宙，而且也穿越整个地球提供了宝贵的意见。

加里·帕森斯给乔治和他的朋友以及敌人带来了生命活力和魅力——这一次，接受了在倒退的时间上阐明宇宙的挑战。多谢 Stuart Rankin，要不是他，世界永远不会知道逆辟定谔陷阱。Stuart 的贡献，包括 IST 的创造能力、宇宙大爆炸的短文和量子理论以及

其他怪异的神话般的现象看似简单的解释。非常感谢马克斯·普朗克研究所的 Markus Poessel，感谢他出色地完成文本输入。

我要再次提到对年轻观众解释他们研究的非常杰出的科学家们。我要感谢保罗·戴维斯、迈克尔·S. 特纳和基普·S. 索恩的杰出贡献。我还想感谢美国航天航空局的 Roger Weiss，多谢他的宇宙奇观摄影，并感谢该局提供宇宙图像给我们使用的所有朋友。

我也想感谢我在亚利桑那州立大学的所有朋友和同事，我在那里是住校作家，他们让我度过了美妙的一年，并提供住房以完成这本书。

但最重要的，我想感谢期待另一部乔治书的年轻读者！祝你们在所有的宇宙旅行中有好运气。

露西

图书在版编目（CIP）数据

乔治的宇宙．大爆炸 /（英）露西·霍金，（英）史蒂芬·霍金著；杜欣欣译．—长沙：湖南科学技术出版社，2019.5（2024.11 重印）
ISBN 978-7-5710-0183-4
Ⅰ．①乔… Ⅱ．①露… ②史… ③杜… Ⅲ．①宇宙 - 普及读物 Ⅳ．① P159-49
中国版本图书馆 CIP 数据核字 (2019) 第 085922 号

著作权合同登记号：18-2013-281

QIAOZHI DE YUZHOU DABAOZHA
乔治的宇宙 大爆炸

作者
［英］露西·霍金
［英］史蒂芬·霍金
插图
加里·帕森斯
译者
杜欣欣
出版人
潘晓山
责任编辑
孙桂均 李媛 李蓓 杨波
装帧设计
邵年，XYZ Lab
出版发行
湖南科学技术出版社
社址
长沙市芙蓉中路一段 416 号泊富国际金融中心
www.hnstp.com
湖南科学技术出版社
天猫旗舰店网址：
http://hnkjcbs.tmall.com
印刷
湖南省汇昌印务有限公司
（印装质量问题请直接与本厂联系）
厂址
长沙市望城区丁字湾街道兴城社区
版次
2019 年 5 月第 1 版
印次
2024 年 11 月第 5 次印刷
开本
880mm × 1230mm 1/32
印张
7.75
字数
181 千字
书号
ISBN 978-7-5710-0183-4
定价
48.00 元